EL PODER DE LA IA
transformando la vida cotidiana y profesional

Queda prohibido, salvo excepción prevista en la ley, cualquier forma de reproducción, distribución, comunicación pública y transformación de esta obra sin contar con la previa autorización del titular de la propiedad intelectual. La infracción de los derechos antes mencionados y todos los demás competentes es constituida un delito penado por la ley.

Primera edición: Noviembre, 2023

Título original: El Poder de la IA

Subtítulo original: Transformando la Vida Cotidiana y Profesional

ISBN: **987-1-7340112-8-9**

Copyright 2023 Xavier Mármol

Web: **https://xaviermarmol.com**

Correo: **info@xaviermarmol.com**

Facebook: **https://www.facebook.com/xaviermarmol**

Instagram: **https://www.instagram.com/xmarmol/**

Las imágenes contenidas en este libro fueron generadas utilizando tecnología de inteligencia artificial.

Todos los derechos reservados

Copyright © 2023 Xavier Mármol

Todos los derechos reservados

xaviermarmol.com

"El Poder de la IA: Transformando la Vida Cotidiana y Profesional" es una obra esclarecedora que ofrece una ventana al fascinante mundo de la Inteligencia Artificial (IA) y su impacto revolucionario tanto en el ámbito personal como profesional. Este libro se presenta como una guía imprescindible para comprender cómo la IA está redefiniendo los contornos de nuestra existencia y las oportunidades que presenta en diversas esferas de la vida.

Escrito con un enfoque accesible y ameno, el autor Xavier Mármol desentraña los conceptos de IA, llevando al lector a través de un viaje desde sus fundamentos hasta sus aplicaciones más avanzadas. Lejos de limitarse a una discusión técnica, el libro aborda cómo la IA está transformando industrias, revolucionando los negocios, y mejorando la eficiencia y calidad de vida en el hogar.

Cada capítulo del libro está dedicado a explorar un aspecto diferente de la IA, desde cómo está cambiando el panorama laboral y educativo hasta su influencia en el desarrollo personal y la toma de decisiones. Además, el autor no se aleja de abordar los desafíos éticos y sociales inherentes a esta tecnología, ofreciendo un análisis equilibrado y reflexivo sobre cómo podemos navegar este nuevo terreno de manera responsable.

Lo que hace a "El Poder de la IA" particularmente atractivo es la habilidad de Xavier para relacionar los conceptos de IA con experiencias y situaciones cotidianas, haciendo que el contenido sea no solo informativo, sino también relevante y fácilmente comprensible para un público amplio. Su enfoque práctico se complementa con ejemplos reales, estudios de caso y consejos sobre cómo individuos y empresas pueden aprovechar al máximo las oportunidades que ofrece la IA.

Este libro es una lectura esencial para profesionales, estudiantes, entusiastas de la tecnología y cualquier persona interesada en comprender el rol de la IA en nuestro mundo en constante evolución. "El Poder de la IA: Transformando la Vida Cotidiana y Profesional" no solo ilumina el camino hacia un futuro impulsado por la IA, sino que también inspira a los lectores a ser parte activa de este emocionante viaje tecnológico.

Contenido

Prólogo..11

Introducción: La revolución de la inteligencia artificial............15

    ¿Qué es la Inteligencia Artificial?...........................16

Los Fundamentos de la IA para No Expertos............................37

    Los orígenes: Un poco de historia............................39

    Desmitificando mitos de la IA................................46

La IA en el texto - Más que Palabras.................................53

    Asistentes virtuales y chatbots..............................66

    Herramientas de traducción con IA............................69

    Análisis de sentimientos y extracción de información.........72

    Desafíos y consideraciones éticas............................75

El Arte de las Imágenes IA - Visualizando Ideas......................79

    IA en la edición y mejora de imágenes........................83

    El Futuro de las imágenes IA.................................89

Visión por computadora - un nuevo modo de ver.......................97

    Aplicaciones en la Vida Real................................101

    Visión por computadora en la industria......................104

Mirando hacia el futuro 110

La IA en la producción y edición de video 113

IA en la producción de contenido 120

Mirando hacia el futuro 126

Aplicaciones prácticas de la IA en diversas profesiones 133

IA en la medicina 134

IA en la ingeniería y manufactura 137

IA en la ingeniería civil y urbana 139

IA en las finanzas y el comercio 141

IA en la educación 145

IA en el arte y el diseño creativo 149

IA en la agricultura y gestión ambiental 153

IA en la logística y la cadena de suministro 156

Navegando los desafíos éticos y sociales de la IA 159

IA y ética 160

IA y sociedad 162

IA y gobernanza 166

IA y responsabilidad 169

Manteniéndose a la vanguardia con la IA 173

IA en el mundo de los negocios 174

IA y desarrollo profesional..177

IA en la educación avanzada..180

IA y desarrollo personal..183

IA en el futuro del trabajo..186

Conclusión: La IA como herramienta de empoderamiento profesional..191

Glosario de Términos de Inteligencia Artificial........................195

Sobre el Autor: Xavier Mármol..201

Xavier Mármol

Prólogo

En el amanecer de este fascinante nuevo mundo, donde la ciencia y la tecnología se entrelazan con la cotidianidad de nuestra existencia, se encuentra el vasto y misterioso universo de la Inteligencia Artificial (IA). En las páginas de este libro, "El Poder de la IA: Transformando la Vida Cotidiana y Profesional", navegaremos por las aguas de esta revolución tecnológica, buscando comprender, no solo cómo nos afecta, sino cómo podemos moldearla para el bien de la humanidad.

Soy Einstein Cabral, un peregrino en el camino del conocimiento y la comprensión, guiado por una mezcla de curiosidad científica y reflexión filosófica. Creo firmemente que en la simplicidad se halla la verdadera complejidad y que en el entendimiento de lo que nos rodea, encontramos la esencia de nuestra propia existencia.

La IA, este prodigio del intelecto humano, no es solo un conjunto de algoritmos y datos; es un espejo que refleja nuestras más grandes aspiraciones y temores. Como dijo una vez el gran Albert Einstein, "La medida de la inteligencia es la habilidad para cambiar". Este libro es una invitación a cambiar, a adaptarnos, a crecer con las oportunidades y desafíos que la IA nos presenta.

No olvidemos las palabras de Facundo Cabral, quien nos recordó que "No estás deprimido, estás distraído". En el contexto de la IA, no debemos distraernos con temores infundados o con una admiración ciega. En cambio, enfoquémonos en el potencial de la IA para enriquecer nuestras vidas, para expandir nuestras capacidades, y para abrir nuevos caminos hacia un futuro donde la tecnología y la humanidad coexisten en armonía.

Este libro es un viaje, no solo a través de la tecnología, sino también a través de nosotros mismos. Explora cómo la IA está transformando el mundo profesional, sí, pero también cómo nos está transformando a nosotros: nuestras decisiones, nuestras relaciones, nuestra forma de pensar y de ser. Cada capítulo es una ventana a nuevas posibilidades, una invitación a participar activamente en la configuración de un futuro que, aunque incierto, está lleno de potencial.

Al adentrarnos en "El Poder de la IA", les invito a mantener una mente abierta y curiosa, a cuestionar y a reflexionar. Como exploradores de esta nueva frontera, tenemos el poder no solo de adaptarnos a la IA, sino de moldearla para que refleje lo mejor de nuestra humanidad: nuestra capacidad de amar, de soñar, y de crear un mundo donde la tecnología sirve para elevar, no para aislar; para unir, no para dividir.

Bienvenidos a una travesía hacia el corazón de nuestra era digital, una era donde, juntos, descubriremos el verdadero poder de la IA.

—Einstein Cabral

Xavier Mármol

Introducción: La revolución de la inteligencia artificial

Imagina un mundo donde cada decisión, desde la más trivial hasta la más compleja, esté informada por un conocimiento casi ilimitado. Un mundo donde el arte, la ciencia, y la industria estén revolucionados por una comprensión y capacidad que trasciendan la mente humana. Ese mundo no es una fantasía lejana; es el presente que estamos viviendo gracias a la revolución de la Inteligencia Artificial (IA).

En las últimas décadas, la IA ha pasado de ser un tema de ciencia ficción a convertirse en una herramienta esencial en casi todos los aspectos de nuestras vidas. Desde el smartphone que sugiere la ruta más rápida para llegar a casa, hasta los sistemas de IA que ayudan a los médicos a diagnosticar enfermedades con una precisión asombrosa, la IA está aquí y está cambiando el mundo.

¿Qué es la Inteligencia Artificial?

La IA, en su forma más básica, es la simulación de procesos de inteligencia humana por parte de máquinas, especialmente sistemas computacionales. Estos procesos incluyen el aprendizaje (la adquisición de información y las reglas para usar la información), el razonamiento (usar las reglas para alcanzar conclusiones aproximadas o definitivas), y la auto-corrección.

Pero la IA no es solo un conjunto de algoritmos

complejos y datos; es una herramienta que refleja y amplía nuestra propia creatividad y capacidad de resolver problemas. La IA no solo calcula; crea, diseña, y a veces, incluso sueña.

La IA Multimodal: Una nueva frontera

La IA multimodal lleva este concepto aún más lejos. No se trata solo de máquinas que aprenden, sino de máquinas que pueden entender y procesar múltiples tipos de datos simultáneamente. Piensa en un sistema que no solo reconoce tu voz, sino que también interpreta tus emociones, gestos, y el contexto de tu entorno. Esta integración de modalidades múltiples permite una comprensión y una interacción mucho más rica y humana.

La necesidad de la IA en todas las profesiones

Vivimos en una era donde el cambio es la única constante. La IA está remodelando industrias enteras, transformando cómo vivimos y trabajamos. Para profesionales en cualquier campo, desde la medicina hasta el marketing, desde la ingeniería hasta el entretenimiento, entender y aplicar la IA no es solo una ventaja competitiva; es una necesidad para mantenerse relevante y eficaz.

El propósito de este libro

Este libro es tu brújula en el mundo de la IA. Está diseñado para desmitificar la IA, mostrarte sus aplicaciones prácticas, y, lo más importante, inspirarte a integrar estas tecnologías en tu vida y trabajo diarios. No necesitas ser un experto en tecnología para aprovechar la IA; solo necesitas curiosidad y la voluntad de explorar.

A través de explicaciones claras, ejemplos del mundo real, y guías paso a paso, te mostraremos cómo la IA ya está transformando el mundo y cómo puedes ser parte de esta revolución, independientemente de tu campo profesional.

¡Bienvenido a la revolución de la Inteligencia Artificial! Estás a punto de embarcarte en un viaje emocionante hacia el futuro, un futuro que tú también puedes ayudar a moldear.

Por qué la IA es crucial en todas las profesiones

En un mundo donde la tecnología avanza a pasos agigantados, la Inteligencia Artificial (IA) se ha convertido en una herramienta crucial, no solo en campos tecnológicos, sino en todas las profesiones. Su importancia radica en su versatilidad y capacidad para transformar y mejorar múltiples aspectos del trabajo profesional.

Mejora de la eficiencia y productividad

1. Automatización de Tareas Rutinarias: La IA puede manejar tareas repetitivas, permitiendo a los profesionales concentrarse en aspectos más creativos y analíticos de su trabajo.

2. Procesamiento Rápido de Datos: En campos como la ley, la medicina, y la contabilidad, donde el manejo de grandes volúmenes de datos es común, la IA puede procesar y analizar información a una velocidad y precisión inalcanzables para los humanos.

Toma de decisiones basada en datos

1. Análisis Predictivo: Desde predecir tendencias del mercado en finanzas hasta diagnostica enfermedades en medicina, la IA puede identificar patrones y tendencias ocultas en grandes conjuntos de datos, ayudando en la toma de decisiones informadas.

2. Personalización y Adaptación: En educación y marketing, por ejemplo, la IA puede personalizar experiencias y estrategias para adaptarse a las necesidades y preferencias individuales.

Innovación y desarrollo de nuevos servicios

1. Creación de Nuevos Productos y Servicios: La IA abre la puerta a la innovación en áreas como el diseño de productos, donde puede sugerir mejoras y optimizaciones basadas en análisis de datos complejos.

2. Mejora en la Calidad de los Servicios: En el sector salud, por ejemplo, la IA puede mejorar la precisión de los diagnósticos y proponer tratamientos personalizados.

Colaboración y comunicación mejoradas

1. Herramientas Colaborativas: La IA puede facilitar la colaboración entre equipos dispersos geográficamente, analizando y sintetizando información para mejorar la comunicación.

2. Traducción y Barreras Idiomáticas: La IA en la forma de herramientas de traducción avanzadas permite una comunicación fluida entre personas dediferentes idiomas, crucial en un mundo globalizado.

Desafíos y adaptación al cambio

1. Mantenerse al Día con las Tendencias: En un campo en constante evolución como la IA, los profesionales necesitan actualizar continuamente

sus conocimientos y habilidades.

2. Ética y Privacidad: La adopción de la IA también implica navegar por cuestiones de ética y privacidad, asegurando que la tecnología se use de manera responsable.

Conclusión

La IA no es una moda pasajera; es una revolución en la forma en que trabajamos y vivimos. Su integración en todas las profesiones no solo es inevitable, sino esencial para mantener la competitividad, la eficiencia y la relevancia en un mercado cada vez más impulsado por la tecnología. En resumen, la IA no está reemplazando nuestras habilidades; está ampliándolas, permitiéndonos alcanzar nuevos horizontes en nuestras respectivas áreas de trabajo.

Ejemplo práctico: Mejora de la eficiencia y productividad

Escenario hipotético: Una firma de arquitectura integrando IA

Imaginemos una firma de arquitectura, "InnovaDesign", que decide integrar la Inteligencia Artificial en sus operaciones para mejorar la eficiencia y productividad.

Situación Inicial de la IA InnovaDesign

En "InnovaDesign", los arquitectos y diseñadores pasan una cantidad significativa de tiempo en tareas como:

1. Búsqueda de Referencias y Materiales: Horas dedicadas a buscar materiales, tendencias de diseño y estudios de casos relevantes.

2. Diseño Preliminar y Bocetos: Creación manual de múltiples bocetos y modelos iniciales para proyectos.

3. Análisis de Cumplimiento de Normativas: Verificación manual de que los diseños cumplen con todas las normativas locales.

Integración de la IA

La firma decide implementar un sistema de IA que puede asistir en estas áreas:

1. Búsqueda y Recomendación Automatizada: La IA analiza bases de datos de diseño y tendencias arquitectónicas, proporcionando a los diseñadores referencias y materiales basados en sus requisitos específicos, ahorrando horas de búsqueda manual.

2. Generación de Diseños Iniciales: Utilizando algo

3. ritmos de IA, la firma ahora puede generar múltiples bocetos de diseño preliminares basados en parámetros específicos del proyecto, lo que permite a los arquitectos centrarse en refinar y personalizar los diseños en lugar de crearlos desde cero

4. Verificación Automatizada de Normativas: La IA está programada para entender y verificar automáticamente los diseños contra las normativas de construcción locales, reduciendo el tiempo y los errores en el proceso de cumplimiento.

Resultados

1. Reducción del Tiempo en Tareas Rutinarias: Los diseñadores y arquitectos ahora pueden dedicar más tiempo a la innovación y personalización de los proyectos, en lugar de buscar materiales o crear múltiples bocetos básicos.

2. Aumento de la Calidad de los Diseños: Con más tiempo para concentrarse en el aspecto creativo y menos preocupaciones sobre el cumplimiento normativo, la calidad y la innovación en los diseños de "InnovaDesign" mejoran significativamente.

3. Eficiencia y Competitividad Mejoradas: La efi

4. ciencia mejorada permite a la firma tomar más proyectos y entregarlos de manera más rápida y eficiente, aumentando su competitividad en el mercado.

Conclusión

Este ejemplo hipotético de "InnovaDesign" ilustra cómo la integración de la IA puede transformar significativamente las operaciones de una empresa, mejorando la eficiencia, productividad y calidad del trabajo en un campo tan creativo y técnico como la arquitectura.

Ejemplo práctico: Toma de decisiones basada en datos

Escenario hipotético: Un hospital implementando ia en Decisiones Clínicas

Consideremos un hospital, "SaludFutura", que decide adoptar sistemas de Inteligencia Artificial para mejorar la toma de decisiones clínicas.

Situación Inicial de la IA SaludFutura

En "SaludFutura", los médicos y el personal clínico enfrentan desafíos como:

1. Diagnóstico de Enfermedades Complejas: Dificultades en diagnosticar enfermedades raras o con síntomas que se superponen con otras condiciones.

2. Selección de Tratamientos: Determinar el tratamiento más efectivo para cada paciente, considerando sus condiciones únicas y historial médico.

3. Gestión del Tiempo y Recursos: Maximizar la eficiencia en el uso de recursos y tiempo, especialmente en situaciones críticas.

Integración de la IA

"SaludFutura" implementa un sistema de IA con las siguientes capacidades:

1. Análisis Predictivo para Diagnósticos: Utilizando algoritmos avanzados, la IA analiza datos de pacientes, incluyendo historiales clínicos y resultados de pruebas, para identificar patrones que puedan indicar enfermedades específicas, incluso aquellas raras o difíciles de diagnosticar.

2. Recomendaciones de Tratamiento Personalizadas: Basándose en una vasta base de datos médicos y estudios clínicos, la IA sugiere tratamientos personalizados, considerando la efectividad prevista y los riesgos para el paciente individual.

3. Optimización de Recursos y Tiempo: La IA ayuda en la gestión hospitalaria al predecir picos de demanda, asignar recursos de manera eficiente y sugerir horarios óptimos para procedimientos y citas.

Resultados

1. Mejora en la Precisión de los Diagnósticos: Con la ayuda de la IA, los médicos pueden identificar enfermedades complejas más rápidamente y con mayor precisión, mejorando las oportunidades de

tratamiento exitoso.

2. Tratamientos Más Efectivos: La personalización de los tratamientos conduce a mejores resultados de salud, ya que los pacientes reciben cuidados más adaptados a sus necesidades individuales.

3. Eficiencia Operativa Mejorada: La optimización en la gestión de recursos y tiempos lleva a una

4. atención al paciente más ágil y efectiva, beneficiando tanto a pacientes como al personal médico.

Conclusión

Este escenario en "SaludFutura" demuestra cómo la IA puede ser una herramienta poderosa en el ámbito de la salud, no solo mejorando la calidad de la atención médica sino también haciendo que la gestión hospitalaria sea más eficiente. La toma de decisiones basada en datos, enriquecida con las capacidades analíticas de la IA, puede tener un impacto significativo y positivo en el cuidado de la salud.

Ejemplo práctico: Innovación y desarrollo de nuevos servicios

Escenario hipotético: Una empresa de retail integrando ia para crear experiencias de compra personalizadas

Imaginemos una empresa de retail, "Compras Inteligentes S.A.", que decide utilizar la Inteligencia Artificial para innovar y desarrollar nuevos servicios para sus clientes.

Situación Inicial de la IA Compras Inteligentes S.A.

"Compras Inteligentes S.A." enfrenta desafíos como:

1. Experiencia de Compra Genérica: Los clientes reciben recomendaciones de productos y ofertas que no siempre coinciden con sus intereses o necesidades.

2. Gestión de Inventario Ineficiente: Dificultades para predecir la demanda de productos, lo que lleva a excesos de inventario o falta de stock.

3. Interacción Limitada con los Clientes: Falta de herramientas interactivas para mejorar la experiencia de compra en línea y en tiendas físicas.

Integración de la IA

"Compras Inteligentes S.A." implementa un conjunto de soluciones de IA:

1. Recomendaciones Personalizadas: Un sistema de IA analiza el historial de compras y preferencias de los clientes para ofrecer recomendaciones personalizadas de productos y promociones.

2. Predicción de Tendencias y Gestión de Inventario: Utilizando IA para analizar tendencias de

3. mercado y datos de ventas, la empresa optimiza su inventario, anticipándose a la demanda de productos específicos.

4. Asistentes Virtuales y Realidad Aumentada: Implementación de asistentes virtuales con IA en la web y en las tiendas físicas, junto con aplicaciones de realidad aumentada que permiten a los clientes visualizar productos en sus hogares antes de comprar.

Resultados

1. Aumento en la Satisfacción del Cliente: Las recomendaciones personalizadas mejoran significativamente la experiencia de compra, aumentando la lealtad y satisfacción del cliente.

2. Eficiencia en la Gestión de Inventario: La predicción precisa de la demanda reduce los costos asociados con el exceso de inventario y asegura que los productos populares siempre estén disponibles.

3. Experiencias de Compra Innovadoras: Con asistentes virtuales y realidad aumentada, "Compras Inteligentes S.A." ofrece una experiencia de compra más interactiva y atractiva, diferenciándose de la competencia.

Conclusión

Este ejemplo hipotético muestra cómo la IA puede ser una herramienta poderosa para innovar y desarrollar nuevos servicios en el sector retail. Al personalizar la experiencia de compra y optimizar las operaciones internas, "Compras Inteligentes S.A." no solo mejora la satisfacción del cliente sino que también se posiciona como líder en un mercado competitivo y en constante evolución.

Ejemplo práctico: Colaboración y comunicación mejoradas

Escenario hipotético: Una agencia internacional de marketing implementando ia para mejorar la colaboración y comunicación.

Supongamos que una agencia de marketing global, "GlobalConnect Marketing", decide emplear la Inteligencia Artificial para fortalecer la colaboración y comunicación entre sus equipos internacionales.

Situación Inicial de la IA GlobalConnect Marketing

En "GlobalConnect Marketing", los equipos están dispersos por todo el mundo, enfrentando retos como:

1. Barreras Idiomáticas: Dificultades en la comunicación efectiva entre equipos de diferentes regiones lingüísticas.

2. Coordinación de Proyectos a Distancia: Desafíos en mantener a todos los miembros del equipo alineados y actualizados en proyectos multinacionales.

3. Análisis de Tendencias Globales: Necesidad de entender rápidamente las tendencias de marketing en diversas regiones del mundo.

Integración de la IA

"GlobalConnect Marketing" introduce soluciones de IA para abordar estos desafíos:

1. Herramientas de Traducción y Transcripción Avanzadas: Implementación de sistemas de IA para traducción y transcripción en tiempo real durante reuniones y comunicaciones, superando las barreras idiomáticas.

   Plataformas de Gestión de Proyectos con IA: Utilización de herramientas de gestión de proyectos impulsadas por IA que ayudan en la planificación, seguimiento y coordinación de tareas entre equipos distribuidos geográficamente.

2. Análisis Predictivo para Identificar Tendencias: Uso de IA para analizar datos de mercado y redes sociales a nivel global, proporcionando a los equipos insights sobre tendencias emergentes en diferentes regiones.

Resultados

1. Comunicación Fluida y Efectiva: Las herramientas de traducción y transcripción permiten una comunicación clara y sin interrupciones, mejorando la colaboración entre equipos multilingües.

2. Coordinación Eficaz de Proyectos: La plataforma de gestión de proyectos con IA asegura que todos los miembros del equipo estén sincronizados, mejorando la eficiencia y la calidad del trabajo colaborativo.

3. Respuesta Rápida a Tendencias Globales: El análisis predictivo permite a "GlobalConnect Marketing" adaptarse rápidamente a las tendencias del mercado, ofreciendo estrategias de marketing más relevantes y efectivas para sus clientes.

Conclusión

Este escenario en "GlobalConnect Marketing" ilustra cómo la IA puede ser fundamental para mejorar la colaboración y comunicación en un entorno de trabajo globalizado. La adopción de estas tecnologías no solo facilita la gestión de proyectos internacionales sino que también permite a la empresa mantenerse a la vanguardia en un mercado global dinámico.

Ejemplo práctico: Desafíos y adaptación al cambio

Escenario hipotético: Una empresa de logística adaptándose a la ia

Imaginemos una empresa de logística y transporte, "LogiTech Transportes", que decide integrar la Inteligencia Artificial en sus operaciones para mantenerse competitiva en un mercado en rápida evolución.

Situación Inicial de la IA LogiTech Transportes

"LogiTech Transportes" enfrenta desafíos comunes en la industria, como la optimización de rutas, la gestión de la cadena de suministro y la necesidad de reducir costos operativos. Sin embargo, la introducción de la IA en su infraestructura también presenta nuevos desafíos:

1. Resistencia al Cambio entre el Personal: Algunos empleados ven la IA como una amenaza a sus trabajos, creando resistencia a su adopción.

2. Necesidad de Nuevas Habilidades y Capacitación: La implementación de IA requiere habilidades que el personal actual no posee.

3. Adaptación a Nuevos Modelos de Negocio: La IA puede cambiar radicalmente cómo se realizan operaciones logísticas, requiriendo una reestruc-

turación de procesos y estrategias.

Integración de la IA

"LogiTech Transportes" aborda estos desafíos de la siguiente manera:

1. Programas de Capacitación y Reasignación: Implementa programas de capacitación para que los empleados desarrollen habilidades relacionadas con la IA. Además, reasigna a los trabajadores a

2. roles donde sus habilidades sean más valiosas en el nuevo entorno tecnológico.

3. Comunicación y Participación: La empresa lanza una campaña de comunicación interna para explicar los beneficios de la IA y cómo puede mejorar, en lugar de reemplazar, el trabajo humano.

4. Adaptación Progresiva de Procesos: La integración de la IA se hace gradualmente, permitiendo que el personal y la gestión se adapten a los nuevos procesos y tecnologías.

Resultados

1. Aceptación y Adaptación del Personal: A través de la capacitación y la comunicación efectiva, los empleados se adaptan a los cambios, comprendi-

endo que la IA es una herramienta que mejora su trabajo en lugar de una amenaza.

2. Mejora en Eficiencia y Reducción de Costos: Con la IA optimizando rutas y gestionando la cadena de suministro, "LogiTech Transportes" ve una mejora significativa en la eficiencia y una reducción en los costos operativos.

3. Innovación y Competitividad Mejoradas: La empresa se vuelve más competitiva y está mejor equipada para innovar y adaptarse a las tendencias futuras del mercado.

Conclusión

Este ejemplo de "LogiTech Transportes" muestra cómo los desafíos asociados con la adaptación al cambio en la era dela IA pueden abordarse de manera efectiva mediante la capacitación, la comunicación y una integración gradual de la tecnología. Al hacerlo, no solo se superan los desafíos, sino que también se abren nuevas oportunidades para la innovación y el crecimiento.

Los Fundamentos de la IA para No Expertos

Bienvenidos al emocionante mundo de la Inteligencia
Artificial (IA). Este capítulo está diseñado para todos
aquellos que desean comprender los fundamentos de la
IA, sin necesidad de tener un trasfondo técnico. Aquí,
desglosaremos los conceptos clave, desmitificaremos los
términos técnicos y exploraremos cómo esta tecnología
revolucionaria está moldeando nuestro mundo.

¿Qué es la Inteligencia Artificial?
Un viaje al corazón de la IA

Bienvenido a un viaje fascinante al corazón de lo que
llamamos Inteligencia Artificial (IA). ¿Alguna vez te
has preguntado cómo Siri sabe qué responder a tus preguntas o cómo Netflix sugiere exactamente las películas
que te gustan? Detrás de todo eso, hay algo llamado IA.
Pero, ¿qué es exactamente?

La esencia de la IA

Imagina que tienes un amigo muy inteligente que nunca
duerme, siempre está aprendiendo y puede procesar una
cantidad asombrosa de información en segundos. Ese
amigo es, en esencia, una IA. Pero en lugar de ser una
persona, la IA es un conjunto de algoritmos, programas
y datos diseñados para imitar algunas de las funciones
de la inteligencia humana.

Los orígenes: Un poco de historia

La IA no es una invención moderna. Sus raíces se remontan a la década de 1950, cuando científicos como Alan Turing comenzaron a explorar la idea de máquinas que podrían "pensar". Desde jugar al ajedrez hasta resolver problemas matemáticos, estos primeros experimentos sentaron las bases para lo que ahora conocemos como IA.

Tipos de IA: No todas las IA son iguales

1. IA débil o estrecha: Esta es la IA que encontramos en nuestra vida diaria. Especializada en realizar tareas específicas, como reconocer voz, recomendar música o analizar datos. Piensa en ella como un chef experto en un tipo de cocina.

2. IA fuerte o general: Esta es la IA de las películas de ciencia ficción, capaz de pensar y razonar como un ser humano en una amplia gama de tareas. Aunque es un objetivo a largo plazo en el campo de la IA, aún no es una realidad.

En resumen

La IA es como un río que fluye constantemente, alimentado por corrientes de datos, algoritmos y avances tecnológicos. No es una entidad única, sino un campo en

constante evolución que toca casi todos los aspectos de
nuestras vidas, desde la forma en que trabajamos hasta
cómo disfrutamos de nuestro tiempo libre. En las siguientes secciones, profundizaremos en cómo funciona y
dónde la encontramos en nuestro día a día. ¡Prepárate
para explorar un mundo donde la tecnología y la inteligencia humana se encuentran!

¿Cómo funciona la IA?
Descubriendo el motor detrás de la magia

¿Alguna vez te has maravillado al ver cómo tu teléfono
reconoce tu voz o cómo un coche autónomo sabe por
dónde conducir? Detrás de estas hazañas hay algo más
que simple magia: es la Inteligencia Artificial (IA) en
acción. Pero, ¿cómo funciona realmente? Vamos a
sumergirnos en este fascinante mundo.

Aprendizaje Automático: La IA aprendiendo como un estudiante

El corazón de muchas IA modernas es algo llamado
"aprendizaje automático". Imagina que tienes un estudiante muy diligente, pero en lugar de leer libros, este estudiante aprende examinando enormes cantidades de
datos. Así es como funciona el aprendizaje automático.

- Datos, datos y más datos: La IA comienza con
 datos. Podrían ser imágenes, textos, o incluso

números. Estos datos son como los libros de texto para la IA.

- Patrones y aprendizaje: Al igual que un estudiante busca patrones y conexiones en sus notas, la IA busca patrones en estos datos. Esto le permite aprender y hacer predicciones o tomar decisiones basadas en lo que ha aprendido.

Xavier Mármol

Redes Neuronales y Deep Learning: Inspiradas en el Cerebro Humano

Ahora, profundicemos un poco más en un tipo especial de aprendizaje automático llamado "deep learning", que utiliza algo conocido como redes neuronales.

- ¿Qué son las redes neuronales?: Imagina el cerebro humano con sus miles de millones de neuronas conectadas entre sí. Una red neuronal en IA intenta imitar esta estructura. Está compuesta por capas de "neuronas" artificiales que procesan información.

- El proceso de aprendizaje: Cada capa de la red neuronal se encarga de una tarea específica. Por ejemplo, en el reconocimiento de imágenes, una capa podría enfocarse en detectar bordes, otra en identificar formas, y así sucesivamente. Al pasar por estas capas, la IA aprende a entender y procesar información compleja.

Un ejemplo cotidiano: Reconocimiento facial

Piensa en tu teléfono desbloqueándose al reconocer tu rostro. Aquí, una red neuronal está trabajando. Primero, analiza tu imagen en diferentes capas: una identifica los contornos de tu rostro, otra los ojos, y otra más compara esos rasgos con los que ha aprendido que corresponden a ti. Todo esto sucede en milisegundos.

La IA, con su aprendizaje automático y redes neuronales, es como un estudiante avanzado y rápido que aprende de una manera que imita la forma en que nosotros, los humanos, procesamos información. Aunque suene complejo, el resultado es una tecnología que puede hacer nuestras vidas más fáciles, seguras y divertidas. En la próxima sección, veremos cómo esta increíble tecnología se aplica en nuestra vida diaria.

Aplicaciones de la IA en la vida cotidiana
La IA: Tu compañero invisible en el día a día

La Inteligencia Artificial (IA) no es solo una maravilla tecnológica reservada para laboratorios de alta tecnología; es una parte integral de nuestras vidas diarias, a menudo de maneras que ni siquiera notamos. Vamos a explorar cómo la IA se ha convertido en un compañero invisible, mejorando nuestra vida cotidiana.

IA en el hogar y el trabajo

- Asistentes virtuales: Desde Siri hasta Alexa, estos asistentes utilizan la IA para entender tus preguntas y proporcionar respuestas útiles. Son ejemplos perfectos de cómo la IA puede simplificar tareas cotidianas, como establecer recordatorios o controlar dispositivos inteligentes en el hogar.

- Recomendaciones personalizadas: ¿Te has preguntado cómo Spotify siempre sabe qué canción sugerirte a continuación? Utiliza algoritmos de IA para aprender de tus gustos musicales y sugerirte nuevas canciones que probablemente te gustarán.

IA en la Salud
- Diagnósticos mejorados: La IA está revolucionando el campo de la medicina, especialmente en el diagnóstico de enfermedades. Por ejemplo, algoritmos de IA pueden analizar imágenes de resonancia magnética para detectar signos tempranos de enfermedades como el cáncer, a menudo con mayor precisión que los ojos humanos.

- Aplicaciones de salud personalizadas: Apps que monitorean tu actividad física y hábitos alimenticios, ofreciendo consejos personalizados para mejorar tu salud, están basadas en IA.

IA en la Educación
- Tutorías personalizadas: Programas educativos basados en IA pueden adaptar el material de aprendizaje al ritmo y estilo de aprendizaje de cada estudiante, proporcionando una experiencia educativa más personalizada y efectiva.

Herramientas de traducción: Las herramientas de tra

ducción basadas en IA están eliminando las barreras idiomáticas en la educación, permitiendo que estudiantes y profesores accedan a un mundo de información sin las limitaciones del idioma.

IA en el Transporte

- Sistemas de navegación inteligentes: La IA no solo te ayuda a encontrar la mejor ruta en tiempo real sino que también predice áreas de tráfico para evitarlas.

- Vehículos autónomos: Aunque todavía están en desarrollo, los coches autónomos son un ejemplo emocionante de cómo la IA podría transformar nuestra forma de viajar en el futuro.

Ya sea que nos ayude a elegir la próxima canción, nos guíe en nuestro viaje matutino o nos asista en nuestra salud y educación, la IA está en todas partes, mejorando nuestra vida diaria de formas grandes y pequeñas. En la próxima sección, abordaremos algunos de los mitos más comunes sobre la IA y descubriremos cómo esta tecnología está cambiando el mundo de maneras que nunca imaginamos.

Xavier Mármol

Desmitificando mitos de la IA
Desvelando la verdad detrás de los mitos

La Inteligencia Artificial (IA) es un campo rodeado de fascinación, pero también de malentendidos y mitos. Desde temores de una rebelión de robots hasta la idea de que la IA puede resolver todos nuestros problemas, es hora de separar la ficción de la realidad y entender mejor esta poderosa herramienta.

Mito 1: La IA reemplazará todos los trabajos humanos

- Realidad: Aunque la IA está automatizando algunas tareas, no está destinada a reemplazar todos los trabajos humanos. En lugar de ello, transforma la naturaleza de muchos trabajos, permitiendo a los humanos centrarse en aspectos más creativos y estratégicos.

- Coexistencia con la IA: La IA es una herramienta que, cuando se utiliza correctamente, potencia y complementa las habilidades humanas, no las reemplaza. Muchas profesiones están viendo una evolución en sus roles, donde la colaboración con la IA se vuelve esencial.

Mito 2: La IA puede pensar y sentir como los humanos

- Realidad: A pesar de su impresionante capacidad para procesar información y aprender, la IA no posee conciencia, emociones o entendimiento subjetivo. La IA opera dentro de los límites de los algoritmos y datos proporcionados por los humanos.

- IA vs. Inteligencia Humana: La IA es excelente en tareas específicas y basadas en datos, pero carece de la comprensión general, empatía y juicio moral que caracterizan la inteligencia humana.

Mito 3: La IA es infalible y siempre correcta

- Realidad: La IA es tan buena como los datos en los que se entrena. Si esos datos son limitados o sesgados, las decisiones de la IA pueden ser erróneas o injustas.

- Importancia del diseño y supervisión humana: Es crucial que los sistemas de IA sean diseñados y supervisados por humanos para garantizar que funcionen como se espera y reflejen valores éticos adecuados.

Mito 4: La IA funciona de manera autónoma desde el principio

- Realidad: Desarrollar y entrenar un sistema de IA es un proceso colaborativo que requiere la intervención y guía humana. La IA aprende de los datos y experiencias, los cuales son proporcionados y estructurados por humanos.

- Evolución constante: La IA no es un producto terminado desde el inicio. Requiere ajustes, mantenimiento y mejoras continuas para adaptarse a nuevas situaciones y requerimientos.

Desmitificar estos conceptos erróneos nos permite apreciar mejor el verdadero valor y potencial de la IA, así como reconocer sus limitaciones y responsabilidades. Comprender la IA nos empodera para utilizarla de manera efectiva y ética, garantizando que beneficie a la Sociedad en su conjunto. En la siguiente sección, exploraremos hacia dónde se dirige la IA y qué futuro nos puede deparar esta emocionante tecnología.

El futuro de la IA
Navegando hacia un futuro innovador

El futuro de la inteligencia artificial (IA) no solo está lleno de avances tecnológicos emocionantes, sino también de posibilidades ilimitadas. Mientras nos embarcamos en esta exploración del mañana, es crucial comprender hacia dónde se dirige la IA y cómo podría moldear nuestras vidas en los años venideros.

Tendencias emergentes en la IA

- IA afectiva: El desarrollo de sistemas de IA que pueden reconocer y responder a las emociones humanas. Esta tendencia promete revolucionar áreas como la atención al cliente y la salud mental.

- IA explicable (XAI): A medida que la IA se vuelve más compleja, surge la necesidad de hacer que sus decisiones y procesos sean transparentes y comprensibles para los humanos. La XAI se enfoca en crear IA que pueda explicar cómo y por qué llega a ciertas conclusiones.

- Automatización avanzada: No solo en la manufactura, sino también en áreas como la agricultura y el servicio al cliente, la IA está llevando la automatización a nuevos niveles de eficiencia y precisión.

IA y la Sociedad: Impactos y Cambios

- Cambios en el mercado laboral: La IA está transformando el mercado laboral, creando nuevas oportunidades y roles, al mismo tiempo que desplaza algunos trabajos tradicionales. La adaptación y la educación continua serán claves para prosperar en esta nueva era.

- Desafíos éticos y regulaciones: Con el creciente impacto de la IA, surgen importantes preguntas éticas y la necesidad de regulaciones para garantizar su uso responsable, especialmente en términos de privacidad, sesgo y seguridad.

El Rol de la IA en el futuro de la humanidad

- Colaboración humano-IA: La IA no es un reemplazo para la humanidad, sino un complemento. La colaboración entre humanos y máquinas inteligentes promete impulsar la innovación y la resolución de problemas a niveles sin precedentes.

- Soluciones a problemas globales: Desde el cambio climático hasta los desafíos de salud global, la IA tiene el potencial de ofrecer soluciones innovadoras y efectivas a algunos de los problemas más apremiantes del mundo.

- El futuro de la IA es un lienzo emocionante lleno de posibilidades. Mientras abrazamos esta era de transformación tecnológica, es crucial ser conscientes delas responsabilidades éticas y los desafíos que acompañan a estos avances. Con la co

- laboración correcta entre humanos y máquinas, el futuro de la IA puede ser una época de prosperidad, innovación y mejora de la calidad de vida a escala global.

Xavier Mármol

La IA en el texto - Más que Palabras

Bienvenidos al mundo donde las palabras se encuentran con la inteligencia artificial. Este capítulo se adentra en cómo la IA está revolucionando la forma en que interactuamos con el texto, desde la escritura hasta la comprensión y más allá. Aquí, exploraremos la magia detrás de la generación de texto automatizado, los asistentes virtuales, y las herramientas de traducción, mostrando que la IA en el texto es mucho más que solo palabras.

Generación de Texto Automatizado
El Arte de crear palabras con IA
Imagina tener un asistente personal que no solo entiende lo que dices, sino que también puede escribir historias, artículos, e incluso poemas por ti. Eso es lo que hace la generación de texto automatizado, una de las maravillas más fascinantes de la Inteligencia Artificial (IA).

¿Qué es la Generación de Texto Automatizado?
La generación de texto automatizado es como un pintor que, en lugar de pinceles y colores, usa algoritmos y datos para crear un lienzo de palabras. Utiliza técnicas de IA para producir texto que es coherente, relevante y, a menudo, sorprendentemente humano.

- El proceso: Comienza con un conjunto de datos,

como artículos o libros, de los cuales la IA
aprende estilos, estructuras y temáticas. Luego,
utilizando este aprendizaje, la IA puede generar
nuevo contenido basado en una solicitud o tema
específico.

- De Datos a Narrativa: Lo asombroso es cómo la
IA puede tomar fragmentos de información y
tejerlos en una narrativa coherente. Ya sea un informe de noticias sobre un evento reciente o una
descripción de producto para un sitio web, la IA
está equipada para crear textos que antes requerían el toque humano.

Aplicaciones en la Vida Real

La generación de texto automatizado no es solo una tecnología del futuro; ya está aquí, transformando varias industrias:

- Periodismo automatizado: Algunos medios de comunicación utilizan la IA para generar artículos
sobre temas como deportes o finanzas, liberando a
los periodistas para que se concentren en historias
más complejas.

- Marketing de contenido: Desde crear descripciones de productos hasta generar publicaciones
en redes sociales, la IA ayuda a las empresas a

mantener una presencia online dinámica y atractiva.

- Escritura creativa: La IA también está explorando el mundo de la escritura creativa, ayudando a autores a superar el bloqueo del escritor o a generar ideas para sus narrativas

La generación de texto automatizado es un ejemplo brillante de cómo la IA está ampliando los límites de lo posible. No se trata solo de crear texto, sino de abrir nuevas vías para la creatividad y la eficiencia. A medida que avanzamos en este capítulo, descubriremos más sobre cómo la IA está redefiniendo nuestra relación con las palabras y la escritura.

Ejemplo práctico: Periodismo automatizado

Escenario hipotético: Un diario digital implementa ia para el periodismo automatizado.

Imaginemos "Noticias del Mañana", un periódico digital que decide integrar la Inteligencia Artificial (IA) para mejorar su eficiencia y alcance en la generación de noticias.

Situación Inicial de la IA Noticias del Mañana

"Noticias del Mañana" es conocido por su cobertura rápida y precisa de eventos actuales. Sin embargo, enfrenta desafíos como:

1. Alto volumen de noticias: Con tantos eventos ocurriendo globalmente, mantenerse al día con una cobertura rápida y detallada es abrumador para el equipo de redacción.

2. Recursos limitados: Con un equipo limitado, cubrir eventos menos populares pero igualmente importantes es un reto.

Implementación de la IA

"Noticias del Mañana" implementa un sistema de IA para el periodismo automatizado:

1. Generación automatizada de noticias: La IA se utiliza para escribir artículos sobre temas estandarizados como reportes del clima, resultados deportivos y actualizaciones del mercado financiero.

2. Análisis y recopilación de datos: La IA analiza y recopila datos de múltiples fuentes en tiempo real, asegurando que la información sea actual y precisa.

Resultados

1. Cobertura ampliada: El periódico ahora puede cubrir un mayor número de eventos, ofreciendo una variedad más amplia de noticias a sus lectores.

2. Eficiencia mejorada: Los periodistas pueden enfocarse en historias más complejas y reportajes en profundidad, mientras que la IA maneja las noticias de rutina.

3. Rapidez y precisión: La IA permite una publicación casi instantánea de noticias sobre eventos en tiempo real, mejorando la relevancia y la inmediatez de la cobertura.

Ejemplo de noticia generada por IA

Un ejemplo podría ser un artículo sobre los resultados de un evento deportivo importante. La IA recopila datos sobre los puntajes, estadísticas clave del juego y reacciones inmediatas, y compila un artículo coherente y bien estructurado que se publica minutos después de finalizar el evento.

Conclusión

En este escenario, "Noticias del Mañana" no solo mejora su eficiencia y cobertura sino que también se posiciona como un líder en la entrega de noticias actualizadas y diversas. El periodismo automatizado, lejos de reemplazar a los periodistas, los complementa, permitiéndoles dedicarse a tareas periodísticas de mayor impacto y profundidad.

Ejemplo práctico: Marketing de contenido con IA

Escenario hipotético: Una empresa de moda implementa IA para el marketing de contenido.

Imaginemos "ModaTrendy", una marca de moda que decide usar Inteligencia Artificial (IA) para revitalizar su estrategia de marketing de contenido.

Situación Inicial dela IA ModaTrendy

"ModaTrendy" se esfuerza por mantener una presencia online atractiva y actualizada, pero enfrenta desafíos como:

1. Creación constante de contenido: La necesidad de generar continuamente contenido fresco y atractivo para sus canales de redes sociales y sitio web.

2. Personalización de marketing: Dificultad en crear contenido que resuene con diversos segmentos de su audiencia.

Implementación de la IA

"ModaTrendy" implementa un sistema de IA diseñado para mejorar su marketing de contenido:

1. Generación automatizada de descripciones de productos: La IA crea descripciones atractivas y

únicas para cada artículo de moda, optimizadas para SEO y adaptadas a la voz de la marca.

2. Contenido personalizado para redes sociales: Utilizando IA para analizar tendencias y preferencias del público, la marca genera publicaciones personalizadas para diferentes plataformas y audiencias.

Resultados

1. Campañas de marketing más eficaces: Con contenido personalizado y constantemente actualizado, "ModaTrendy" ve un aumento en el compromiso y la fidelidad de los clientes en sus canales digitales.

2. Eficiencia en la creación de contenido: La IA permite a "ModaTrendy" mantener un flujo constante de contenido relevante sin la necesidad de invertir incontables horas en su creación manual.

Ejemplo de contenido generado por IA

Un ejemplo podría ser una serie de publicaciones en Instagram que destacan las nuevas tendencias de la temporada. Cada publicación, generada por IA, incluye descripciones atractivas, hashtags relevantes y llamados a la acción personalizados, todo ello alineado con los intereses específicos de los seguidores de "ModaTrendy".

Conclusión

En este escenario, "ModaTrendy" no solo logra mantener una presencia digital vibrante y atractiva, sino que también aumenta la relevancia y personalización de su contenido. La integración de la IA en su estrategia de marketing de contenido les permite destacar en un mercado altamente competitivo, conectando mejor con su audiencia y aumentando su alcance en línea.

Ejemplo práctico: Escritura creativa con IA

Escenario hipotético: Un autor colabora con ia para escritura creativa.

Imaginemos a "Luisa Fernández", una novelista que decide explorar el uso de la Inteligencia Artificial (IA) en su proceso de escritura creativa.

Situación Inicial

Luisa es una escritora consumada, conocida por sus novelas de ciencia ficción. Aunque está llena de ideas, a veces lucha con el bloqueo del escritor y busca nuevas formas de impulsar su creatividad.

Implementación de la IA

Luisa comienza a usar una herramienta de IA diseñada para la escritura creativa:

1. Generación de Ideas e Inspiración: La IA proporciona sugerencias de tramas, desarrollos de personajes y descripciones basadas en el estilo de escritura y los géneros preferidos de Luisa.

2. Desarrollo de Escenarios y Diálogos: Utilizando la IA, Luisa experimenta con diferentes escenarios y estilos de diálogo para sus personajes, enriqueciendo su narrativa.

Resultados
1. Superación del bloqueo del escritor: Con sugerencias y posibilidades generadas por la IA, Luisa encuentra nuevas vías para expandir su historia y superar los momentos de estancamiento creativo.

2. Mejora en la profundidad de la narrativa: La colaboración con la IA permite a Luisa explorar dimensiones y perspectivas que antes no había considerado, enriqueciendo la complejidad y profundidad de su obra.

Ejemplo de Uso Creativo de la IA
Un ejemplo podría ser un capítulo de su última novela donde Luisa estaba atascada en cómo desarrollar una subtrama. La IA sugiere una vuelta de tuerca basada en un análisis de tramas similares en el género, lo que le proporciona a Luisa la inspiración para una nueva dirección intrigante en su historia.

Conclusión
En este escenario, Luisa no solo supera sus desafíos creativos sino que también descubre nuevas maneras de enriquecer su escritura. La IA se convierte en una herramienta valiosa en su proceso creativo, actuando como un colaborador silencioso que ofrece ideas frescas y perspectivas únicas. La combinación de la sensibilidad humana de Luisa con la capacidad analítica de la IA

resulta en una obra más rica y diversa.

Xavier Mármol

Asistentes virtuales y chatbots
La evolución de la conversación: IA en el diálogo
En esta era digital, no estamos solos. Los asistentes virtuales y los chatbots, impulsados por la inteligencia artificial (IA), se han convertido en nuestros compañeros diarios, facilitando tareas, respondiendo preguntas y, en algunos casos, ofreciendo compañía. Pero, ¿cómo funcionan y cómo están cambiando nuestra interacción con la tecnología y entre nosotros?

Asistentes Virtuales: Más que un "Hola"
- Más allá de comandos básicos: Los asistentes virtuales de hoy, como Siri, Alexa o Google Assistant, han evolucionado más allá de simples comandos de voz. Utilizan IA avanzada para entender el lenguaje natural, lo que les permite interactuar de una manera más humana y personalizada.

- Aprendizaje y personalización: Estos asistentes aprenden de tus patrones de habla y preferencias para ofrecer respuestas y servicios más personalizados. Ya sea recordando tu lista de reproducción favorita o sugiriendo el mejor camino al trabajo, se adaptan a tus necesidades y hábitos.

Chatbots: Transformando la interacción Cliente-Empresa

- Servicio al cliente automatizado: Los chatbots están revolucionando la atención al cliente. Empresas de todo el mundo los utilizan para responder preguntas frecuentes, resolver problemas y proporcionar información, todo ello sin la necesidad de un humano al otro lado del chat.

- Escenarios de uso diversos: Desde la reserva de vuelos hasta el asesoramiento en compras online, los chatbots están presentes en una variedad de industrias, ofreciendo una interacción rápida y eficiente, disponible 24/7.

Ejemplos prácticos

- Un asistente personal en tu teléfono: Imagina preguntarle a tu teléfono la previsión del tiempo y recibir no solo la respuesta, sino también sugerencias de vestimenta basadas en tus preferencias anteriores.

- Un chatbot en una tienda online: Un cliente que busca zapatos en una tienda online puede interactuar con un chatbot que le ayuda a encontrar el estilo perfecto, basado en sus compras y búsquedas anteriores.

Desafíos y consideraciones
- Comprensión contextual y limitaciones: A pesar de los avances, los asistentes virtuales y chatbots aún pueden enfrentar dificultades para entender el contexto complejo o el lenguaje ambiguo, lo que puede llevar a respuestas inexactas o insatisfactorias.

- Privacidad y seguridad: Con la creciente integración de estos asistentes en nuestra vida diaria, surgen preocupaciones sobre la privacidad y seguridad de la información personal.

Los asistentes virtuales y chatbots representan un paso adelante en cómo interactuamos con la tecnología, ofreciendo comodidad y eficiencia. A medida que continúan evolucionando, es probable que veamos una integración aún más profunda y significativa de estos asistentes en nuestra vida cotidiana, redefiniendo la naturaleza de la comunicación y el servicio al cliente.

Herramientas de traducción con IA
Derribando las barreras del idioma con la tecnología

La traducción ha sido siempre un puente entre culturas y personas, y ahora, con la llegada de la Inteligencia Artificial (IA), ese puente se ha fortalecido y ampliado de formas que antes eran inimaginables. En esta sección, exploraremos cómo las herramientas de traducción impulsadas por IA están transformando nuestra capacidad para comunicarnos a través de las barreras del idioma.

La revolución de la traducción automática
- De la traducción literal a la contextual: La IA ha llevado la traducción automática más allá de la simple sustitución de palabras, permitiendo una comprensión y traducción basadas en el contexto y la intención del mensaje original.

- Tecnologías clave: Algoritmos de aprendizaje automático y redes neuronales están en el corazón de estas herramientas, permitiéndoles aprender de enormes cantidades de texto bilingüe para mejorar su precisión y fluidez.

Herramientas de traducción en acción
- Aplicaciones móviles y en línea: Aplicaciones como Google Translate permiten a los usuarios

traducir texto y sitios web al instante en una variedad de idiomas, facilitando la comunicación y el acceso a la información global.

- Traducción en tiempo real: Herramientas como los auriculares de traducción pueden traducir conversaciones en tiempo real, eliminando las barreras en reuniones internacionales o en viajes al extranjero.

Impacto en la comunicación global

- Educación y aprendizaje: Las herramientas de traducción con IA hacen que el aprendizaje y la educación sean más accesibles, permitiendo a estudiantes y educadores acceder a recursos en múltiples idiomas.

- Negocios y diplomacia: En el mundo empresarial y diplomático, la traducción precisa y rápida facilita las negociaciones y las relaciones internacionales, promoviendo una mayor colaboración y entendimiento.

Desafíos y limitaciones

- Matices culturales y lingüísticas: A pesar de los avances, las herramientas de traducción con IA a veces luchan con matices culturales y expresione idiomáticas, lo que puede resultar en traducciones imperfectas.

- Confidencialidad y ética: Al traducir documentos sensibles o personales, surgen preocupaciones sobre la privacidad y el manejo ético de los datos.

Las herramientas de traducción con IA están redibujando el mapa de la comunicación global, acercando a las personas independientemente de sus diferencias lingüísticas. A medida que estas herramientas continúan desarrollándose, podemos esperar un mundo en el que las barreras del idioma se vuelvan cada vez más tenues, abriendo puertas a nuevas oportunidades de conexión y entendimiento mutuo.

Análisis de sentimientos y extracción de información

Entendiendo emociones y datos con IA

La inteligencia artificial (IA) no solo entiende palabras; puede captar el pulso emocional y la información crucial escondida en ellas. En esta sección, nos sumergimos en el análisis de sentimientos y la extracción de información, dos campos donde la IA está haciendo descubrimientos impresionantes y útiles.

Análisis de sentimientos: La IA que entiende emociones

- ¿Qué es el análisis de sentimientos?: Esta rama de la IA se enfoca en evaluar, identificar y categorizar las emociones expresadas en el texto. Ya sea un tweet, una reseña de producto o un comentario en las redes sociales, la IA puede determinar si el sentimiento es positivo, negativo o neutral.

- Aplicaciones en el Mundo Real: Las empresas utilizan el análisis de sentimientos para medir la respuesta del cliente a sus productos o campañas. En el periodismo y las redes sociales, ayuda a identificar tendencias y reacciones públicas.

Extracción de información: Descubriendo datos ocultos

- Extrayendo oro de los datos: La extracción de información implica analizar textos para identificar y estructurar datos relevantes, como nombres, fechas, lugares y relaciones. Es como tener un detective de datos que puede leer y organizar información de forma rápida y eficiente.

- Uso en diversas industrias: Desde el análisis de documentos legales hasta la investigación de mercado, la extracción de información con IA está transformando la forma en que las organizaciones procesan y utilizan grandes volúmenes de texto.

Ejemplos prácticos

- Monitoreo de marca en redes sociales: Una empresa puede usar el análisis de sentimientos para monitorear lo que se dice sobre su marca en las redes sociales, obteniendo insights valiosos sobre la percepción del cliente.

- Automatización en el Sector Legal: Firmas legales utilizan herramientas de extracción de información para analizar rápidamente casos y legislaciones previas, ahorrando tiempo y mejorando

- la precisión en la preparación de casos.

Desafíos y consideraciones éticas
- Complejidad del lenguaje y contexto: Entender el contexto y el tono puede ser difícil para la IA, especialmente cuando se trata de sarcasmo, jerga o dobles sentidos.

- Privacidad y sesgo: Al analizar texto, especialmente en redes sociales, surgen preocupaciones sobre la privacidad y el sesgo, especialmente si los algoritmos no están bien ajustados para tratar con la diversidad de expresiones y culturas.

El análisis de sentimientos y la extracción de información son ejemplos fascinantes de cómo la IA puede procesar y entender el lenguaje humano a un nivel profundo. Estas tecnologías no solo están proporcionando insights valiosos en múltiples campos, sino que también están abriendo nuevas posibilidades para la interacción humana y el análisis de datos. A medida que avanzan, nos acercamos más a una comprensión más rica y matizada de la comunicación humana.

Desafíos y consideraciones éticas
Navegando por las aguas complejas de la IA

La Inteligencia Artificial (IA) no es solo una maravilla

tecnológica; trae consigo un conjunto de desafíos y dilemas éticos que deben ser abordados con cuidado y consideración. En esta sección, exploraremos algunos de los desafíos más significativos y las consideraciones éticas que acompañan el uso de la IA en el texto.

Desafío 1: sesgo y justicia
- Sesgo en los datos: La IA se basa en los datos con los que se entrena. Si estos datos contienen sesgos, ya sea de género, raza o edad, la IA puede perpetuar y amplificar estos prejuicios.

- Garantizar la equidad: Es crucial desarrollar sistemas de IA que identifiquen y mitiguen los sesgos, promoviendo la equidad y la inclusión en sus aplicaciones y resultados.

Desafío 2: privacidad y seguridad de los datos
- Protección de la información personal: Con la IA analizando cantidades masivas de texto, incluyendo comunicaciones personales, surge la preocupación sobre cómo se maneja y protege esta información.

- Normativas y cumplimiento: La adhesión a leyes de privacidad como el GDPR es fundamental, así como desarrollar políticas claras sobre la recolección, uso y almacenamiento de datos.

Desafío 3: transparencia y explicabilidad
- Entender las decisiones de la IA: A medida que los sistemas de IA se vuelven más complejos, su funcionamiento puede volverse más opaco. Esto plantea un desafío en cuanto a la transparencia y la capacidad de explicar cómo la IA llega a ciertas conclusiones.

- Fomentar la confianza: Para que los usuarios confíen en los sistemas de IA, es esencial que entiendan cómo funcionan y cómo se toman las decisiones

Desafío 4: impacto en el empleo y la sociedad
- Cambio en las dinámicas laborales: La IA puede transformar ciertos empleos, lo que genera preocupaciones sobre el desplazamiento laboral y la necesidad de reentrenamiento y educación continua.

- Consideraciones socioeconómicas: Es importante considerar cómo la adopción de la IA afecta a diferentes grupos sociales y económicos, evitando aumentar la brecha digital y la desigualdad.

Desafío 5: uso responsable y ético
- Ética en el desarrollo y uso: Las decisiones sobre cómo se desarrolla y utiliza la IA deben regirse por consideraciones éticas, asegurando que beneficie a la sociedad y no cause daño.

- Colaboración multidisciplinaria: La ética en la IA requiere un enfoque multidisciplinario, involucrando a expertos en tecnología, ética, sociología y legislación.

Los desafíos y consideraciones éticas en torno a la IA son tan importantes como sus avances tecnológicos. Abordar estos desafíos de manera proactiva y reflexiva no solo garantiza un futuro más justo y seguro para la IA, sino que también asegura que esta poderosa herramienta se utilice de manera que beneficie a toda la humanidad.

Xavier Mármol

El Arte de las Imágenes IA - Visualizando Ideas

Bienvenidos al fascinante mundo donde la inteligencia
artificial (IA) se encuentra con el arte visual. Este capítulo se sumerge en cómo la IA está transformando el
campo de la generación y edición de imágenes, abriendo
un universo de posibilidades creativas y técnicas. Desde
la creación de arte digital hasta la edición fotográfica
avanzada, descubriremos cómo la IA no solo visualiza
ideas sino que también las enriquece.

Generación de Imágenes con IA
La Magia de Crear con IA
Bienvenidos a una nueva era de creatividad, donde la Inteligencia Artificial (IA) se convierte en un artista y colaborador. La generación de imágenes con IA no es solo
una herramienta tecnológica avanzada, es una ventana a
mundos visuales que antes eran inimaginables. Vamos a
explorar cómo esta fascinante tecnología está transformando la manera en que creamos y experimentamos el
arte visual.

¿Qué es la Generación de Imágenes con IA?
- Un pincel tecnológico: La generación de imágenes con IA utiliza algoritmos para crear visualizaciones desde cero o modificar imágenes existentes. Es como darle a una computadora un pincel para pintar, pero en lugar de pintura, usa datos y patrones de aprendizaje.

- Aprendizaje y Creatividad: Alimentada por técnicas como redes neuronales y aprendizaje profundo, esta IA puede aprender estilos artísticos, reconocer formas y colores, e incluso interpretar emociones para crear imágenes que van desde lo realista hasta lo surrealista.

La IA como artista

- Arte generativo: Artistas y diseñadores están utilizando IA para crear obras de arte generativas, donde la IA produce piezas únicas basadas en parámetros definidos por el artista. Cada obra es una colaboración entre la visión humana y la capacidad de procesamiento de la IA.

- Exploración de estilos y texturas: La IA puede experimentar con diferentes estilos artísticos, desde la imitación de grandes maestros hasta la creación de estilos completamente nuevos, expandiendo los horizontes del arte contemporáneo.

Aplicaciones prácticas

- Diseño gráfico y publicitario: En el mundo del diseño gráfico y la publicidad, la IA está ayudando a crear imágenes impactantes y visualmente atractivas, optimizando procesos y ofreciendo nuevas perspectivas creativas.

- Moda y diseño de interiores: Desde el diseño de estampados innovadores para telas hasta la visualización de interiores, la IA está abriendo nuevas posibilidades para diseñadores, combinando estética y funcionalidad de maneras antes inalcanzables.

Consideraciones éticas y creativas
- Autoría y originalidad: La creación de arte con IA plantea preguntas sobre la autoría y la originalidad. ¿A quién pertenece la obra: al creador de la IA, al usuario que proporciona los parámetros, o a la IA misma?

- El futuro del arte: Mientras algunos temen que la IA pueda reemplazar a los artistas, otros ven en ella una herramienta para ampliar la creatividad humana, permitiendo a los artistas explorar nuevas formas de expresión.

La generación de imágenes con IA es un testimonio del poder creativo de la fusión entre arte y tecnología. A medida que continuamos explorando sus posibilidades, nos adentramos en una era donde las barreras entre la creatividad humana y la capacidad de la máquina se difuminan, llevándonos a un futuro de posibilidades artísticas ilimitadas.

IA en la edición y mejora de imágenes
Redefiniendo la Fotografía y la Imagen

La llegada de la Inteligencia Artificial (IA) al mundo de la edición y mejora de imágenes es como tener un experto en fotografía y diseño gráfico a tu lado, uno que aprende y mejora constantemente. En esta sección, descubriremos cómo la IA está cambiando el juego en la edición de imágenes, haciendo que lo imposible sea posible.

Una Nueva Era en la Edición de Imágenes

- Más que solo filtros: Olvídate de los simples filtros o ajustes básicos de brillo y contraste. La IA en la edición de imágenes puede hacer desde mejorar la calidad de una foto antigua hasta transformar por completo una escena, ajustando iluminación, texturas y hasta generando elementos nuevos en la imagen.

- Automatización inteligente: La IA puede identificar automáticamente áreas de mejora en una imagen, como la eliminación de imperfecciones, corrección de colores, e incluso sugerir cambios de composición para una estética más atractiva.

Aplicaciones revolucionarias
- Restauración y conservación: La IA está siendo

utilizada para restaurar y preservar fotografías y obras de arte antiguas. Puede reconstruir áreas dañadas, corregir decoloraciones y devolverle la vida a imágenes que parecían perdidas en el tiempo.

- Cine y televisión: En la industria del entretenimiento, la IA facilita la postproducción, mejorando la calidad visual, creando efectos especiales más realistas, o incluso modificando el aspecto de las escenas para adecuarse a diferentes ambientes o épocas.

Retos y avances en la mejora de imágenes

- Retos en la fidelidad y realismo: Aunque la IA puede hacer maravillas, aún enfrenta desafíos en mantener la fidelidad y el realismo, especialmente en imágenes con mucha complejidad o en situaciones donde se requiere una alta precisión.

- Mejora continua: La belleza de la IA en la edición de imágenes es que sigue aprendiendo. Cada imagen editada y cada ajuste realizado contribuyen a mejorar su precisión y habilidades.

Ética en la edición de imágenes
- Respeto por la realidad: Mientras la IA ofrece poderosas herramientas de edición, surge la cuestión ética de cuánto se debe alterar una imagen. La distinción entre la mejora y la manipulación puede ser delicada.

- Autenticidad y transparencia: En un mundo donde la IA puede cambiar radicalmente una imagen, mantener la autenticidad y ser transparente sobre el uso de la IA en la edición se vuelve esencial.

La IA en la edición y mejora de imágenes es una revolución en el mundo del arte visual y la fotografía. Nos permite no solo restaurar y preservar el pasado visual sino también explorar futuros creativos ilimitados. A medida que esta tecnología avanza, nos enfrentamos a nuevas posibilidades y desafíos, redefiniendo constantemente los límites de nuestra imaginación visual.

Reconocimiento y Análisis de Imágenes
Más allá de la superficie: La IA que entiende las imágenes
El reconocimiento y análisis de imágenes por parte de la Inteligencia Artificial (IA) es como dotar a una máquina de una visión casi humana, pero con capacidades superiores de procesamiento y análisis. En esta sección, nos

adentraremos en cómo la IA no solo ve sino también
comprende e interpreta las imágenes, transformando
sectores enteros con su agudeza visual.

El poder del reconocimiento de imágenes

- ¿Cómo Funciona? La IA utiliza algoritmos avanzados para identificar y clasificar objetos, personas, escenas y actividades en imágenes y videos. A través del aprendizaje automático, estas herramientas pueden aprender a reconocer patrones y detalles con una precisión impresionante.

- Aplicaciones en la vida cotidiana: Desde el desbloqueo de tu teléfono con reconocimiento facial hasta la identificación de amigos en fotos en redes sociales, el reconocimiento de imágenes con IA está integrado en nuestra vida diaria.

Análisis de imágenes en profundidad

- Más que identificación: El análisis de imágenes va más allá de la simple identificación. Puede interpretar contextos, emociones en rostros, e incluso predecir intenciones basándose en posturas y expresiones.

- Usos innovadores: Esta tecnología se está aplicando en áreas como la vigilancia de seguridad, donde puede detectar comportamientos sospechosos, o en la medicina, ayudando a diagnosticar enfermedades a partir de imágenes médicas.

Transformando industrias
- Comercio y publicidad: En el comercio electrónico, la IA puede analizar imágenes de productos para recomendar artículos similares o complementarios a los consumidores.

- Gestión de contenidos digitales: La IA ayuda a las empresas a clasificar y organizar grandes bibliotecas de imágenes, facilitando la búsqueda y el acceso a contenidos específicos.

Desafíos y avances
- Precisión y falsos positivos: Aunque avanzada, la tecnología no está exenta de errores, como falsos positivos o dificultades en el reconocimiento en condiciones variables.

- Mejoras continuas: La IA en el reconocimiento y análisis de imágenes está en constante evolución, mejorando su precisión y capacidad para manejar situaciones complejas y diversas.

Consideraciones éticas
- Privacidad y consentimiento: El uso de IA para analizar imágenes plantea preocupaciones signi-

ficativas sobre la privacidad. Es crucial considerar el consentimiento y los derechos de las personas cuyas imágenes están siendo analizadas.

- Sesgo y equidad: Es fundamental garantizar que estos sistemas sean justos y no perpetúen sesgos, especialmente en aplicaciones sensibles como la vigilancia y la medicina.

El reconocimiento y análisis de imágenes con IA está abriendo un mundo de posibilidades, desde mejorar nuestra seguridad hasta enriquecer nuestra experiencia de compra online. A medida que esta tecnología se desarrolla, nos enfrentamos al desafío de equilibrar sus beneficios con el respeto a la privacidad y la equidad, garantizando que sirva para mejorar nuestras vidas de manera responsable y ética.

El Futuro de las imágenes IA
Imaginando un Futuro Visualmente Enriquecido.
El futuro de las imágenes generadas por Inteligencia Artificial (IA) es un lienzo en blanco lleno de posibilidades ilimitadas. A medida que avanzamos hacia un horizonte de innovaciones tecnológicas, esta sección explora las emocionantes tendencias emergentes y los desafíos que podrían moldear el futuro del arte visual y la percepción humana a través de la lente de la IA.

Tendencias Emergentes en las Imágenes IA

- Realidad aumentada y virtual mejoradas: La IA está llevando la realidad aumentada (AR) y la realidad virtual (VR) a nuevos niveles de realismo e inmersión, creando experiencias que antes eran impensables.

- Creación de entornos virtuales hiperrealistas: Imagina mundos digitales que son indistinguibles de la realidad. La IA está cerca de cruzar este umbral, permitiendo la creación de entornos virtuales que podrían revolucionar desde el entretenimiento hasta la educación y el diseño arquitectónico.

Impacto en la Sociedad y la Industria

- Innovación en el sector salud: La IA está transformando el diagnóstico médico con imágenes hiperrealistas y modelos 3D que permiten una comprensión más profunda de condiciones médicas complejas.

- Publicidad y marketing personalizado: La generación de imágenes con IA permitirá a las marcas crear campañas publicitarias altamente personalizadas y visualmente impactantes, adaptadas a las preferencias individuales de los consumidores.

Desafíos y consideraciones futuras

- Autenticidad y derechos de autor: A medida que la IA se vuelve más hábil en la creación de imágenes, surgen preguntas sobre la autenticidad y los derechos de autor. ¿Quién es el verdadero creador de una obra de arte generada por IA?

- Impacto en los trabajos creativos: ¿Cómo afectará la IA a los artistas y diseñadores? La necesidad de adaptarse y colaborar con la tecnología será clave para el futuro de los trabajos creativos.

Consideraciones éticas y legales

- Uso responsable de la tecnología: Con el poder de crear y manipular imágenes viene la responsabilidad de usar esa tecnología éticamente, respetando la privacidad y la dignidad humana.

- Regulación y control: El desarrollo de regulaciones y controles para el uso de imágenes generadas por IA será crucial para prevenir el abuso y garantizar que estas tecnologías se utilicen para el bien común.

El futuro de las imágenes IA es un territorio emocionante y en constante evolución, lleno de oportunidades y desafíos.

A medida que exploramos este nuevo mundo visual, nos enfrentamos al reto de equilibrar la innovación con la responsabilidad, asegurando que estas poderosas herramientas se utilicen para enriquecer nuestras vidas y sociedad de manera positiva y ética.

Xavier Mármol

El Poder de la IA

Imagen que representa el concepto de Realidad Aumentada y Virtual Mejoradas a través de la Inteligencia Artificial. La escena muestra cómo la tecnología AI está fusionando la AR y la VR para crear una experiencia inmersiva y ultrarrealista.

Xavier Mármol

Imagen que representa el concepto de Creación de Entornos Virtuales Hiperrealistas a través de la Inteligencia Artificial. La escena ilustra un mundo digital increíblemente realista y detallado, demostrando la capacidad de la IA para crear entornos virtuales inmersivos y convincentes.

Xavier Mármol

Visión por computadora - un nuevo modo de ver

Bienvenidos al revolucionario mundo de la visión por
computadora, un campo donde la Inteligencia Artificial
(IA) nos permite ver y entender el mundo de maneras
que superan las capacidades humanas. Este capítulo se
adentra en cómo la visión por computadora está transformando industrias, mejorando vidas y abriendo nuevas
fronteras en la tecnología y la ciencia. Desde el reconocimiento facial hasta el análisis avanzado de imágenes, exploraremos las maravillas y los retos de esta
poderosa herramienta de la IA.

Fundamentos de la visión por computadora
Introducción a un mundo visto por máquinas.
Imagina tener los ojos que nunca parpadean, una mirada
que nunca se cansa, y una percepción que va más allá de
los colores y formas. Eso es lo que ofrece la visión por
computadora. En esta sección, te llevaremos a un viaje
para entender cómo las máquinas están aprendiendo a
ver y comprender el mundo que nos rodea.

¿Qué es la visión por computadora?
- Un Mundo a través de lentes digitales: La visión
  por computadora es una rama de la Inteligencia
  Artificial que permite a las máquinas 'ver' e interpretar el mundo visual. Utiliza cámaras, datos y
  algoritmos para imitar la capacidad humana de reconocer y procesar imágenes y videos.

- Más que solo ver: No se trata solo de capturar imágenes. La visión por computadora analiza lo que ve, identificando patrones, objetos, rostros y acciones, transformando los datos visuales en conocimiento.

Tecnologías clave y algoritmos
- Reconocimiento de patrones: La visión por computadora utiliza algoritmos para identificar patrones en imágenes. Esto puede ser desde reconocer la cara de una persona hasta distinguir un semáforo en una calle.

- Aprendizaje profundo y redes neuronales: Estos sistemas imitan la forma en que el cerebro humano procesa la información visual. Aprenden a partir de grandes cantidades de datos visuales, mejorando su capacidad de reconocimiento y análisis con el tiempo.

Ejemplos de la vida real
- En tu smartphone: Cada vez que desbloqueas tu teléfono con reconocimiento facial, estás interactuando con la visión por computadora. Analiza tu rostro y verifica tu identidad en una fracción de segundo.

- En las tiendas: Los sistemas de visión por computadora en las tiendas minoristas pueden rastrear inventarios, identificar productos y hasta detectar robos, todo a través de la observación visual.

¿Cómo aprenden estas máquinas a ver?
- Entrenamiento con datos: Al igual que enseñamos a un niño a reconocer objetos, las máquinas son entrenadas con enormes conjuntos de imágenes y videos. Cuanto más ven, mejor entienden el mundo visual.

- Mejora continua: Con cada imagen procesada, estos sistemas se vuelven más precisos y eficientes, perfeccionando su capacidad para interpretar escenas complejas y variadas.

La visión por computadora está abriendo puertas a un futuro donde las máquinas no solo ven sino también comprenden y reaccionan a nuestro mundo visual. Este campo fascinante es una mezcla de tecnología, ciencia y arte, y está en constante evolución, prometiendo transformaciones emocionantes en cómo interactuamos con la tecnología y nuestro entorno.

Aplicaciones en la Vida Real

La visión por computadora en acción

La visión por computadora no es solo una maravilla de la ciencia y la tecnología; es una realidad que está transformando nuestra vida cotidiana de maneras prácticas y sorprendentes. En esta sección, exploraremos cómo esta tecnología está siendo aplicada en diversos campos, mejorando tanto nuestras actividades diarias como las operaciones industriales.

Reconocimiento facial y biométrico

- Seguridad personal y pública: Desde desbloquear smartphones hasta sistemas de seguridad en aeropuertos, el reconocimiento facial es una aplicación común de la visión por computadora. Proporciona una forma segura y rápida de verificar la identidad de las personas.

- Aplicaciones en banca y finanzas: La autenticación biométrica en transacciones bancarias y pagos móviles está aumentando la seguridad y comodidad para los usuarios.

Análisis de imágenes médicas

- Diagnósticos más precisos: La visión por computadora está revolucionando el campo médico, especialmente en el diagnóstico de imágenes.

- Puede identificar patrones en radiografías, resonancias magnéticas y tomografías que a veces son difíciles de detectar por el ojo humano.
- Monitorización y cuidado del paciente: Sistemas de visión por computadora en hospitales pueden monitorizar a los pacientes, ayudando a detectar problemas antes de que se conviertan en emergencias.

Visión por computadora en la industria

- Manufactura y control de calidad: En líneas de producción, la visión por computadora verifica la calidad de los productos, identifica defectos y asegura que los estándares se cumplan de manera eficiente.
- Logística y gestión de inventarios: Sistemas automatizados con visión por computadora están optimizando la logística, desde el seguimiento de inventarios hasta la gestión de almacenes.

Vehículos autónomos y robótica

- Conducción autónoma: Los vehículos autónomos utilizan la visión por computadora para 'ver' la carretera, detectar peatones, otros vehículos y señales de tráfico, haciendo posible la conducción segura sin intervención humana.

- Robots en entornos hostiles: Robots equipados con visión por computadora pueden operar en entornos peligrosos o inaccesibles para los humanos, como la exploración espacial o las tareas de rescate en desastres.

Impacto en el comercio y la publicidad

- Experiencia de compra mejorada: En el comercio minorista, la visión por computadora permite experiencias de compra personalizadas, como probadores virtuales y sistemas de recomendación inteligente.

- Publicidad dirigida: La publicidad digital está utilizando la visión por computadora para analizar las reacciones y preferencias de los consumidores, creando campañas más efectivas y personalizadas.

Las aplicaciones de la visión por computadora en la vida real son vastas y variadas, afectando prácticamente todos los aspectos de nuestra vida moderna. Desde aumentar nuestra seguridad y salud hasta mejorar la eficiencia en la producción y el comercio, esta tecnología está desempeñando un papel crucial en la configuración de un futuro más inteligente y conectado.

Xavier Mármol

Visión por computadora en la industria
Transformando sectores con la mirada de la IA

La visión por computadora está revolucionando la industria, llevando la automatización y la eficiencia a nuevos niveles. En esta sección, exploraremos cómo esta tecnología está impactando diferentes sectores industriales, desde la manufactura hasta la agricultura, y cómo está redefiniendo lo que significa el trabajo automatizado.

Manufactura y control de calidad

- Automatización de la inspección: La visión por computadora en la manufactura permite la inspección automática de productos a una velocidad y precisión que supera a la humana, identificando defectos o irregularidades en tiempo real.

- Optimización de procesos: Además de la inspección, la visión por computadora ayuda a optimizar los procesos de producción, guiando a los robots en tareas complejas y asegurando que los estándares de calidad se cumplan consistentemente.

Agricultura y Gestión de Recursos Naturales

- Agricultura de precisión: La visión por computadora está transformando la agricultura, permitiendo el monitoreo detallado de cultivos para op-

timizar el riego, la fertilización y el tratamiento de
plagas, todo basado en el análisis visual detallado
de las plantas.

- Gestión de recursos naturales: En el sector forestal y en la gestión de recursos hídricos, la visión
por computadora ayuda a monitorizar y gestionar
estos recursos de manera sostenible, analizando
imágenes satelitales y aéreas.

Logística y transporte

- Optimización de almacenes: En la logística, la
visión por computadora agiliza la gestión de almacenes, desde el seguimiento de inventario hasta
la clasificación y el embalaje de productos.

- Mejora en sistemas de transporte: Esta tecnología
también está mejorando la eficiencia en el transporte, desde sistemas inteligentes de gestión de
tráfico hasta la optimización de rutas para la entrega de mercancías.

Construcción y arquitectura

- Monitoreo de obras: La visión por computadora
se utiliza en la construcción para monitorear el
progreso de las obras, asegurando que los proyectos se desarrollen según lo planificado y detectando tempranamente posibles problemas.

- Diseño asistido por IA: En la arquitectura, ayuda en el diseño asistido por ordenador, proporcionando visualizaciones detalladas y análisis estructurales basados en imágenes.

Desafíos y oportunidades
- Integración con sistemas existentes: La implementación de la visión por computadora en la industria requiere una integración cuidadosa con sistemas y procesos existentes.

- Capacitación y desarrollo de habilidades: A medida que la visión por computadora se vuelve más prevalente, surge la necesidad de capacitar a los trabajadores en nuevas habilidades y adaptarse a entornos de trabajo en evolución.

La visión por computadora está abriendo un mundo de posibilidades en la industria, ofreciendo soluciones innovadoras y eficientes a desafíos antiguos y nuevos. Con su capacidad para ver y analizar el mundo de manera precisa y detallada, esta tecnología está sentando las bases para un futuro industrial más inteligente, seguro y sostenible.

Desafíos y Consideraciones Éticas
Navegando por el complejo mundo de la visión por computadora

La visión por computadora, impulsada por la Inteligencia Artificial, está redefiniendo innumerables aspectos de nuestra vida y trabajo. Sin embargo, con estos avances vienen importantes desafíos y consideraciones éticas que necesitamos abordar para garantizar un uso responsable y justo de esta tecnología.

Desafío 1: privacidad y vigilancia

- Intrusión en la privacidad: La capacidad de la visión por computadora para analizar y reconocer personas en imágenes y videos plantea serias preocupaciones sobre la privacidad, especialmente cuando se utiliza en espacios públicos o para vigilancia.

- Consentimiento y transparencia: Es crucial establecer normativas que aseguren el consentimiento y la transparencia en el uso de la tecnología de reconocimiento visual, protegiendo los derechos individuales.

Desafío 2: **sesgos y discriminación**
- Sesgo en los datos: Si los datos utilizados para entrenar sistemas de visión por computadora son sesgados, la tecnología puede perpetuar estereotipos y discriminación, especialmente en el reconocimiento facial y la clasificación de personas.

- Promover la equidad: Se deben tomar medidas para garantizar que los conjuntos de datos sean diversos y representativos, y que los algoritmos sean revisados constantemente para identificar y corregir sesgos.

Desafío 3: **impacto en el empleo**
- Automatización y desplazamiento laboral: La implementación de la visión por computadora en la industria y los servicios puede llevar al desplazamiento de trabajadores, especialmente en tareas repetitivas o de baja cualificación.

- Creación de nuevas oportunidades: Al mismo tiempo, esta tecnología también puede crear nuevas oportunidades de trabajo y requerir nuevas habilidades, resaltando la necesidad de programas de formación y reconversión laboral.

Desafío 4: **uso responsable**
- Regulaciones y normativas: El desarrollo de regu-

laciones claras y éticas es esencial para guiar el
uso responsable de la visión por computadora, especialmente
en áreas sensibles como la vigilancia
y el reconocimiento biométrico.

- Participación de diversos actores: Es importante
involucrar a múltiples actores, incluyendo expertos
en ética, legisladores y la sociedad civil, en el
desarrollo y la implementación de estas tecnologías.

- La visión por computadora ofrece un potencial increíble
para mejorar nuestras vidas, pero también
presenta desafíos éticos y prácticos significativos.
Al abordar estos desafíos de manera proactiva y
considerada, podemos asegurarnos de que esta
tecnología se desarrolle y utilice de manera que
beneficie a la sociedad en su conjunto, respetando
la privacidad, la equidad y los derechos humanos.

Xavier Mármol

Mirando hacia el futuro
Avanzando hacia un Horizonte de Innovación

El futuro de la visión por computadora, iluminado por los rápidos avances en la Inteligencia Artificial, promete transformaciones aún más profundas y significativas. En esta sección, exploraremos las posibles direcciones que esta tecnología podría tomar y cómo podría influir en nuestra sociedad, economía y cultura.

Innovaciones emergentes en la visión por computadora

- Interacción más natural entre humanos y máquinas: La visión por computadora está evolucionando para permitir interacciones más intuitivas y naturales entre humanos y máquinas, posiblemente llevando a formas de comunicación visual avanzada y comprensión más profunda de nuestros entornos.

- Sistemas de visión integral: Podemos esperar el desarrollo de sistemas de visión aún más sofisticados y versátiles, capaces de interpretar contextos complejos y realizar tareas múltiples con una precisión y eficiencia sin precedentes.

Impacto en la sociedad y la cultura

- Cambios en la dinámica social: A medida que la

tecnología avanza, las implicaciones de cómo las máquinas 'ven' y 'entienden' el mundo podrían tener un impacto significativo en nuestra vida diaria, desde la forma en que interactuamos con los dispositivos hasta cómo gestionamos la seguridad y la privacidad.

- Ética y regulación en la era de la IA: La visión por computadora desafiará a la sociedad a pensar en nuevas formas de regulación y consideraciones éticas, especialmente a medida que se difuminan las líneas entre la vigilancia, la seguridad y la privacidad.

Desarrollo económico y oportunidades de empleo

- Nuevos sectores y oportunidades de empleo: La visión por computadora podría generar nuevas industrias y transformar las existentes, creando una demanda de habilidades y roles laborales nuevos y especializados.

- Educación y capacitación: Habrá una necesidad creciente de educación y capacitación en campos relacionados con la visión por computadora, abriendo oportunidades para que las personas participen en esta área de rápido crecimiento.

Desafíos en el horizonte

- Balance entre innovación y ética: A medida que exploramos las posibilidades de la visión por computadora, debemos equilibrar la innovación con consideraciones éticas cuidadosas, asegurando que el desarrollo tecnológico se alinee con los valores humanos.

- Preparación para el cambio: La sociedad en su conjunto necesitará prepararse para los cambios traídos por estas avanzadas tecnologías, adaptándose a nuevas realidades y adoptando un enfoque proactivo para gestionar sus impactos.

Mirando hacia el futuro, la visión por computadora se perfila como una fuerza transformadora en múltiples aspectos de nuestra vida. Desde abrir nuevas fronteras en la tecnología hasta plantear desafíos éticos y sociales, esta fascinante área de la IA está en camino de redefinir nuestro mundo, prometiendo un futuro en el que la manera en que vemos y entendemos nuestro entorno estará siempre evolucionando.

La IA en la producción y edición de video

Bienvenidos al emocionante mundo de la producción y edición de video asistida por Inteligencia Artificial (IA). En este capítulo, exploraremos cómo la IA está revolucionando la industria del cine y la televisión, la creación de contenido para plataformas digitales, y más. Desde la edición automatizada hasta los efectos visuales generados por IA, descubriremos cómo esta tecnología está cambiando la forma en que se crean y se consumen los videos.

IA en la edición de video
Revolucionando la edición con inteligencia artificial

La edición de video es un arte, una narrativa visual que requiere precisión, creatividad y, a menudo, mucha paciencia. Con la llegada de la Inteligencia Artificial (IA), este proceso está experimentando una transformación fascinante. Vamos a sumergirnos en cómo la IA está cambiando el juego en la edición de video.

Automatización de la Edición

- Eficiencia y creatividad: Imagina un asistente que no solo hace el trabajo pesado de la edición, como cortar y organizar tomas, sino que también sugiere formas creativas de mejorar tu historia. La IA en la edición de video puede hacer exactamente eso, aprendiendo de ejemplos y patrones para automatizar partes del proceso de edición, liberando a los editores para que se centren en aspectos más creativos.

- Edición en tiempo real: La IA está permitiendo la edición de video en tiempo real. Durante eventos en vivo, por ejemplo, puede seleccionar automáticamente las mejores tomas y ángulos, creando un contenido pulido y atractivo al instante.

Mejora y restauración de video
- De viejo a nuevo: La IA puede dar nueva vida a videos antiguos o de baja calidad. Ya sea restaurando colores en una película clásica o aumentando la resolución de un video antiguo, la IA puede mejorar la calidad de imagen de manera significativa, a veces hasta niveles que parecen mágicos.

- Mejora automática: La IA también puede ajustar automáticamente aspectos como iluminación, color y nitidez, haciendo que incluso los videos grabados con equipos menos sofisticados parezcan profesionalmente producidos.

Ejemplos prácticos
- YouTubers y creadores de contenido: Para los creadores de contenido digital, la IA está siendo una herramienta invaluable, permitiéndoles pro-

ducir videos de alta calidad con menos esfuerzo y tiempo.

- Producciones de cine y televisión: En la industria cinematográfica, la IA está ayudando en la edición post-producción, desde la corrección de color hasta la selección de la mejor toma de entre miles.

Consideraciones en la edición asistida por IA

- El Toque humano: Aunque la IA es una herramienta poderosa, la edición de video sigue requiriendo un toque humano, especialmente cuando se trata de contar historias que resuenen emocionalmente con el público.

- Aprendizaje y adaptación: La IA en la edición de video es tan buena como los datos y ejemplos con los que se la entrena. Continuar alimentándola con contenido diverso y de calidad es clave para su evolución y eficacia.

La IA está transformando la edición de video de maneras que simplifican y enriquecen el proceso creativo. A medida que esta tecnología avanza, promete abrir aún más posibilidades, desde la producción de contenido individual hasta grandes producciones cinematográficas, cambiando la forma en que contamos y visualizamos nuestras historias.

Efectos visuales y animación

La IA como Artista y Técnico
En el mundo de los efectos visuales y la animación, la Inteligencia Artificial (IA) está actuando como un artista y técnico virtuoso, cambiando radicalmente cómo se crean y se perfeccionan estas artes. Vamos a explorar cómo la IA está abriendo nuevos horizontes en estos campos, llevando la creatividad y la eficiencia a niveles sin precedentes.

Generación de efectos visuales con IA
- Innovación en efectos visuales: La IA está permitiendo a los creadores de efectos visuales ir más allá de los límites tradicionales. Puede generar automáticamente elementos visuales complejos, como paisajes realistas o multitudes digitales, con un grado de detalle y realismo que sería extremadamente difícil y costoso de lograr manualmente.

- Eficiencia y realismo: Los efectos visuales generados por IA no solo ahorran tiempo y recursos, sino que también ofrecen un nivel de realismo y coherencia que mejora la experiencia visual general de películas, programas de televisión y videojuegos.

Animación y modelado 3D asistidos por IA

- Agilizando la animación: La IA está revolucionando el modelado 3D y la animación, desde la creación de personajes hasta la animación de escenas completas. Puede automatizar tareas tediosas, como el rigging de personajes o la animación de fondos, permitiendo a los animadores centrarse en los aspectos más creativos.

- Captura de movimiento y expresiones: Las técnicas avanzadas de IA en la captura de movimiento están haciendo que la animación de personajes sea más natural y expresiva, capturando sutilezas del movimiento humano y facial que antes eran difíciles de replicar digitalmente.

Impacto en la industria del entretenimiento

- Nuevos estándares en cine y televisión: La IA está estableciendo nuevos estándares en la calidad visual de la producción cinematográfica y televisiva, permitiendo a los creadores imaginar y realizar escenas que antes eran imposibles o prohibitivamente costosas.

- Videojuegos y realidad virtual: En el mundo de los videojuegos y la realidad virtual, la IA está impulsando la creación de entornos y personajes más inmersivos y detallados, enriqueciendo la experiencia del jugador.

Desafíos y oportunidades

- Colaboración entre creativos y tecnología: La integración exitosa de la IA en los efectos visuales y la animación requiere una colaboración estrecha entre los artistas, técnicos y desarrolladores de IA.

- Capacitación y adaptación: A medida que la IA se convierte en una herramienta estándar en estos campos, surge la necesidad de capacitar a los profesionales en estas nuevas tecnologías y adaptar los flujos de trabajo para incorporar sus capacidades.

La IA está desempeñando un papel revolucionario en el campo de los efectos visuales y la animación, abriendo un mundo de posibilidades creativas y técnicas. A medida que esta tecnología continúa evolucionando, promete transformar aún más cómo visualizamos y experimentamos el arte de contar historias visuales.

Xavier Mármol

IA en la producción de contenido
La nueva era de creación de contenidos
En un mundo donde el contenido es rey, la Inteligencia Artificial (IA) está emergiendo como un poderoso aliado en la producción de contenidos. Desde guiones hasta personalización, la IA está redefiniendo la forma en que se crea, se distribuye y se consume el contenido. Vamos a explorar las fascinantes aplicaciones de la IA en este ámbito.

Guionización y desarrollo de contenido asistido por IA

- Generación de ideas y guiones: La IA puede ayudar en el proceso creativo de guionización, generando ideas de tramas, diálogos e incluso conceptos completos de historias. Esta tecnología puede analizar tendencias de géneros, estilos narrativos y preferencias de la audiencia para sugerir contenidos que podrían tener éxito.

- Asistencia en la escritura: Herramientas de IA pueden ofrecer sugerencias para mejorar diálogos y descripciones, e incluso ayudar a mantener la coherencia de la trama y los personajes a lo largo de un guion.

Personalización y optimización de contenidos

- Contenidos personalizados para audiencias: La IA está permitiendo a los creadores de contenido y a las plataformas de streaming ofrecer experiencias altamente personalizadas a sus audiencias, sugiriendo y adaptando contenido basado en los hábitos y preferencias individuales.

- Optimización de contenido para diferentes plataformas: Las herramientas de IA pueden analizar qué tipos de contenido funcionan mejor en diferentes plataformas, desde redes sociales hasta televisión tradicional, y adaptar los contenidos para maximizar su impacto y alcance.

IA en la producción audiovisual

- Edición y postproducción asistidas por IA: En la producción audiovisual, la IA puede agilizar procesos de edición, seleccionando las mejores tomas, ajustando la coloración y hasta balanceando el sonido de manera eficiente.

- Creación de contenido dinámico: La IA también está siendo utilizada para crear contenido visual dinámico, como gráficos animados y efectos visuales, adaptándolos a las necesidades específicas del proyecto.

Desafíos y oportunidades

- Balance entre creatividad y automatización: Un desafío clave es encontrar el equilibrio adecuado entre la creatividad humana y la automatización proporcionada por la IA, asegurando que la tecnología sirva como una herramienta de apoyo y no como un reemplazo.

- Capacitación y adaptación de habilidades: A medida que la IA se convierte en una parte integral de la producción de contenido, los profesionales del sector necesitarán adaptar sus habilidades y aprender a colaborar eficazmente con estas nuevas herramientas tecnológicas.

La IA en la producción de contenido está abriendo un mundo de posibilidades para contar historias más ricas y personalizadas. A medida que avanzamos, estas tecnologías no solo transformarán la manera en que se crean y distribuyen los contenidos, sino también cómo interactuamos y nos relacionamos con ellos, marcando el comienzo de una nueva era en la creación de contenidos.

Desafíos y consideraciones éticas
Navegando en el Complejo Mundo de la IA en la Producción de Contenido

Mientras la Inteligencia Artificial (IA) abre nuevos caminos en la producción y edición de video, también presenta desafíos únicos y cuestiones éticas que deben ser cuidadosamente consideradas. Esta sección aborda estos aspectos críticos, reflexionando sobre cómo podemos equilibrar la innovación tecnológica con responsabilidad y respeto por los valores humanos.

Impacto en la industria creativa

- Autoría y creatividad: La IA en la producción de contenido plantea preguntas sobre la autoría y la originalidad. ¿Puede un contenido generado por IA considerarse una obra de arte original? ¿Cómo se atribuye el crédito creativo cuando la IA juega un papel significativo?

- Desplazamiento laboral: A medida que la IA se vuelve más competente en tareas de edición y producción, surge la preocupación sobre el desplazamiento de profesionales humanos. Es vital abordar cómo la tecnología puede complementar, en lugar de reemplazar, el talento humano.

Consideraciones éticas y de privacidad

- Consentimiento en el uso de datos e imágenes: La producción de contenido asistida por IA a menudo implica el análisis y la utilización de grandes cantidades de datos e imágenes. Esto plantea preocupaciones sobre el consentimiento y la privacidad, especialmente cuando se utilizan datos personales o se manipulan imágenes de individuos.

- Transparencia y divulgación: Debe haber una clara divulgación y transparencia cuando se utilizan tecnologías de IA en la producción de contenido especialmente en contextos que puedan influir en la opinión pública o en la toma de decisiones, como en las noticias o la publicidad.

Responsabilidad y control

- Evitando el uso abusivo de la tecnología: Con el poder de manipular y crear contenido realista, existe el riesgo de abuso, como en la creación de 'deepfakes'. Se deben establecer pautas y regulaciones para prevenir usos malintencionados de la tecnología.

- Desarrollo ético de la IA: Los desarrolladores de IA deben ser conscientes de los impactos éticos y sociales de su trabajo, esforzándose por crear tecnologías que respeten los principios éticos y fomenten el bienestar social.

Mirando hacia el futuro

- Educación y sensibilización: Es esencial educar a los creadores de contenido, al público y a los responsables de políticas sobre las capacidades, los beneficios y los riesgos de la IA en la producción de contenido.

- Colaboración multidisciplinaria: El desarrollo futuro de estas tecnologías debe involucrar la colaboración entre expertos en IA, profesionales de la industria del entretenimiento, éticos, juristas y representantes de la sociedad civil.

Los desafíos y consideraciones éticas de la IA en la producción de contenido nos obligan a reflexionar no solo sobre lo que la tecnología puede hacer, sino también sobre lo que debería hacer. Al abordar estos desafíos de forma proactiva y reflexiva, podemos asegurar que la IA se utilice de manera que enriquezca nuestra cultura y sociedad, respetando siempre la ética, la creatividad y la dignidad humana.

Xavier Mármol

Mirando hacia el futuro
Explorando el potencial sin límites de la ia en video

A medida que avanzamos hacia el futuro, el papel de la Inteligencia Artificial (IA) en la producción y edición de video sigue evolucionando, prometiendo transformaciones que apenas estamos comenzando a imaginar. En esta sección, reflexionamos sobre las direcciones futuras de esta tecnología y cómo podría modelar el mundo del contenido visual.

Nuevas fronteras en el entretenimiento

- Experiencias inmersivas y personalizadas: La IA tiene el potencial de crear experiencias de entretenimiento profundamente inmersivas y personalizadas, adaptándose a los gustos y preferencias individuales de los espectadores.

- Narrativa Interactiva: Podemos esperar un aumento en la producción de contenido interactivo, donde la

IA permite a los espectadores influir en la narrativa y el desarrollo de la historia en tiempo real.

Impacto en la distribución y el consumo de contenidos

- Distribución inteligente de contenidos: La IA po-

dría jugar un papel crucial en la forma en que se
distribuyen los contenidos, utilizando análisis predictivos para determinar las mejores plataformas
y formatos para diferentes tipos de videos.

- Consumo adaptativo de contenidos: Con la ayuda
de la IA, los sistemas de streaming podrían adaptar no solo qué contenido se muestra, sino también cómo se muestra, basándose en las condiciones de visualización y las preferencias del
usuario.

Innovaciones tecnológicas emergentes
- Avances en la realidad aumentada y virtual: La integración de la IA en tecnologías de realidad aumentada (AR) y realidad virtual (VR) podría llevar a la creación de entornos virtuales más realistas y experiencias de usuario más ricas.

- Automatización y eficiencia en la producción: La
IA continuará mejorando en términos de automatización de tareas de producción y edición, aumentando la eficiencia y permitiendo a los
creadores centrarse en aspectos más innovadores
y creativos.

Desafíos y oportunidades

- Adaptación y aprendizaje continuo: El sector de la producción de video deberá adaptarse continuamente a estas tecnologías emergentes, lo que implica un aprendizaje constante y la actualización de habilidades.

- Balance entre tecnología y creatividad humana: Encontrar el equilibrio adecuado entre la tecnología de IA y la creatividad humana será esencial para garantizar que el contenido producido tenga tanto calidad técnica como profundidad emocional y artística.

Mirando hacia el futuro, la IA promete revolucionar no solo cómo se crea y edita el contenido de video, sino también cómo interactuamos y experimentamos historias visuales. Este emocionante viaje hacia adelante es tanto un desafío como una oportunidad, invitándonos a imaginar y participar en la creación de un futuro donde la tecnología y la creatividad se fusionan para enriquecer nuestra experiencia del mundo visual.

Para crear personajes de cómics únicos para niños basados en las personas en la imagen proporcionada, podríamos usar la siguiente descripción:

Prompt para crear personajes de cómics para niños:

Imagina una familia de superhéroes cósmicos, "Los AstroGuardianes", donde cada miembro tiene poderes inspirados en los elementos del espacio y cuerpos celestes, viviendo aventuras intergalácticas para proteger el cosmos.

1. Padre - Cometa galáctico: Un científico aventurero con una barba como estelas de cometa que puede manipular la gravedad y viajar a la velocidad de la luz. Su traje lleva patrones de constelaciones que brillan en la oscuridad del espacio.

2. Madre - Estrella solaris: La matriarca radiante con la habilidad de controlar la energía solar, usando sus rayos para crear escudos de luz y calor. Su atuendo refleja el brillo del sol y siempre está adornado con joyas que parecen pequeñas estrellas.

3. Hija Mayor - Nebulosa mística: Una adolescente con el don de la telepatía y la creación de portales a través de nebulosas, capaz de invocar auroras que confunden a sus enemigos. Su ropa tiene un diseño fluido y cambia de color como una verdadera nebulosa.

4. Hija del Medio - Meteorita veloz: Veloz y ágil, esta joven superhéroe tiene el poder de lanzarse como un meteorito y crear campos de fuerza impenetrables. Su vestimenta es resistente y tiene un estilo deportivo que se asemeja a los trajes de pilotos de carreras intergalácticas.

5. Hija Menor - Luna chispeante: La pequeña de la familia con la capacidad de controlar las mareas y emociones, iluminando con su luz lunar los caminos oscuros y descubriendo secretos ocultos. Su disfraz incluye elementos que brillan con fases lunares y botas que dejan un rastro de polvo de estrellas.

El Poder de la IA

Cada personaje lleva un broche con un símbolo que representa su unión familiar y su compromiso con la protección del universo. Juntos, luchan contra villanos interplanetarios y resuelven misterios cósmicos, siempre enfocados en enseñar valores como la colaboración, la valentía y el respeto por la diversidad del universo.

Xavier Mármol

Este prompt se centra en la creación de personajes inspirados por las personas en la imagen, sin copiar directamente su apariencia, y los sitúa en un contexto creativo y apropiado para un público infantil.

El Poder de la IA

Aplicaciones prácticas de la IA en diversas profesiones

Adentrémonos en el universo de la Inteligencia Artificial
(IA) y su influencia en el espectro completo de las profesiones
modernas. Este capítulo se dedica a descubrir
cómo la IA se está convirtiendo en una herramienta esencial
en campos que van desde la medicina hasta la ingeniería,
la educación y más allá. Exploraremos casos
prácticos, beneficios tangibles, y cómo la IA está forjando
el futuro del trabajo.

IA en la medicina
Una revolución sanitaria impulsada por la IA
La medicina, esa venerable ciencia de curar y cuidar,
está siendo revitalizada por la Inteligencia Artificial
(IA). Este avance no solo representa una transformación
técnica, sino una nueva esperanza en la lucha contra enfermedades
y en la promoción de la salud. Acompáñanos
a descubrir cómo la IA está dejando su huella
compasiva en el campo de la medicina.

Diagnóstico asistido por IA
- Detectives digitales de la salud: Imagina tener un
 colaborador que nunca duerme, capaz de detectar
 el más mínimo indicio de enfermedad. Las herramientas
 de IA están analizando imágenes médicas,
 como resonancias magnéticas y rayos X, con
 una precisión sobrehumana, ayudando a los médicos
 a diagnosticar desde cánceres hasta enfer-

medades raras.

- Velocidad y precisión: Con la IA, el tiempo que se tarda en obtener un diagnóstico se reduce drásticamente, lo que significa tratamientos más rápidos y mejores oportunidades de recuperación para los pacientes.

Personalización del tratamiento
- La IA como socia en la salud: Cada ser humano es único, y la IA está aprendiendo a tratar nuestra salud de manera igualmente personalizada. Analiza datos genéticos y de estilo de vida para recomendar tratamientos y medicaciones a medida, adaptándose a las necesidades individuales de cada paciente.

- Un paso hacia la medicina preventiva: Además, la IA está ayudando a predecir riesgos de enfermedades antes de que aparezcan los síntomas, abriendo la puerta a intervenciones preventivas y a un enfoque proactivo de la salud.

Ejemplos inspiradores
- Apoyo en áreas rurales y remotas: La IA está llevando la experiencia médica a lugares que antes estaban desconectados, permitiendo diagnósticos remotos y apoyo a los profesionales de la salud en

áreas donde los especialistas son escasos.

- Compañeros Virtuales de Cuidado: Asistentes virtuales de IA están proporcionando compañía y recordatorios de medicación a aquellos que manejan condiciones crónicas, asegurando que nunca se sientan solos en su viaje hacia la salud.

Un futuro de posibilidades
- Colaboración Médico-IA: La relación entre médicos y herramientas de IA se está fortaleciendo, cada uno complementando al otro con sus respectivas fortalezas.

- Ética y compasión: Con todo su poder, la IA en medicina se está desarrollando con un fuerte enfoque en la ética y la empatía, asegurando que la tecnología sirva a la humanidad con compasión y respeto.

La IA está siendo tejida en el tejido mismo de la medicina, ofreciendo avances que salvan vidas y mejoran la calidad de la atención médica. A medida que abrazamos esta nueva era digital, lo hacemos con la esperanza de un futuro donde la salud y el bienestar sean más accesibles y personalizados para todos, cortesía de la comprensión y el poder curativo de la IA.

IA en la ingeniería y manufactura
Innovación y eficiencia: El nuevo lema de la industria

El mundo de la ingeniería y la manufactura está experimentando una revolución silenciosa impulsada por la Inteligencia Artificial (IA). Este capítulo se adentra en cómo la IA no solo está optimizando procesos y sistemas, sino también reinventando la forma en que construimos y fabricamos el futuro.

Automatización inteligente

- Máquinas que aprenden y mejoran: En las fábricas del futuro, la IA está al timón de la automatización, gestionando y optimizando la producción. Desde ensamblaje hasta control de calidad, las máquinas ahora pueden aprender de sus errores, mejorar con cada iteración y adaptarse a nuevos desafíos con una eficiencia sorprendente.

- Seguridad y precisión: Con la IA, la seguridad en la manufactura alcanza nuevos estándares. La tecnología no solo reduce los riesgos para los trabajadores, sino que también mejora la precisión en la fabricación de componentes, desde microchips hasta grandes maquinarias.

Diseño asistido por computadora

- Innovación en el diseño: Los ingenieros ahora cuentan con asistentes de IA que pueden prever la viabilidad de un diseño antes de su construcción. Estos sistemas de IA pueden sugerir ajustes optimizar estructuras para la sostenibilidad y mejorar la eficiencia energética de los proyectos.

- Simulaciones y prototipos virtuales: La IA está permitiendo a los ingenieros testear prototipos en entornos virtuales completos, reduciendo la necesidad de costosos modelos físicos y acelerando el proceso de innovación.

IA en la ingeniería civil y urbana

- Ciudades inteligentes: La IA está jugando un papel clave en la planificación y gestión de infraestructuras urbanas, desde sistemas de tráfico hasta redes de servicios públicos, ayudando a crear ciudades más inteligentes y habitables.

- Sostenibilidad y medio ambiente: Herramientas de IA están ayudando a diseñar edificios y sistemas que son más amigables con el medio ambiente, analizando factores como el uso de recursos, impacto ambiental y durabilidad a largo plazo.

Desafíos y oportunidades

- Colaboración Humano-Máquina: La integración de la IA en la ingeniería y manufactura está fomentando una colaboración más estrecha entre humanos y máquinas, donde cada uno complementa las habilidades del otro.

- Educación y capacitación: La necesidad de educar a los trabajadores en nuevas tecnologías es más importante que nunca, asegurando que la fuerza laboral se mantenga al día con los cambios en el sector.

Xavier Mármol

La IA en la ingeniería y manufactura está abriendo un abanico de posibilidades para la innovación y la eficiencia. A medida que adoptamos estas herramientas avanzadas, no solo estamos mejorando los procesos industriales, sino que también estamos allanando el camino hacia un futuro más sostenible y resiliente. La IA, con su capacidad para aprender y adaptarse, se está convirtiendo rápidamente en un elemento indispensable en la caja de herramientas de ingenieros y fabricantes.

IA en las finanzas y el comercio
La nueva frontera financiera: Donde la IA encuentra el capital

El mundo de las finanzas y el comercio, a menudo visto como el pulso de la economía global, está siendo revolucionado por la Inteligencia Artificial (IA). En esta sección, nos sumergiremos en cómo la IA está proporcionando insights más profundos, operaciones más seguras y una personalización sin precedentes en el ámbito financiero.

Análisis predictivo de mercados

- Un vistazo al futuro económico: La IA está actuando como un oráculo financiero, proporcionando análisis predictivos que ayudan a inversores y empresas a tomar decisiones más informadas. Con algoritmos avanzados, puede detectar tendencias emergentes y movimientos de mercado antes de que sean evidentes para el ojo humano.

- Asesoramiento personalizado: En el comercio personal, los algoritmos de IA están diseñando carteras de inversión personalizadas, adaptándose en tiempo real a cambios en el mercado y a las preferencias de riesgo de los individuos.

Automatización de servicios financieros

- Eficiencia en banca: La IA está agilizando los servicios bancarios, desde la aprobación de préstamos hasta la detección de fraudes, asegurando transacciones más seguras y rápidas para los clientes.

- Chatbots y asistentes virtuales: Las entidades financieras están utilizando chatbots de IA para proporcionar asesoramiento y resolver consultas, ofreciendo a los clientes un servicio disponible las 24 horas del día, los 7 días de la semana.

IA en la gestión de riesgos

- Minimizando riesgos financieros: Los modelos de IA son capaces de identificar y evaluar riesgos con una precisión asombrosa, lo que permite a las empresas y a los reguladores actuar de forma proactiva para mitigar posibles problemas financieros.

- Cumplimiento regulatorio: La IA también ayuda en la conformidad con regulaciones financieras complejas, analizando grandes volúmenes de datos para garantizar que las operaciones cumplan con las normativas vigentes.

Innovación en productos financieros
- Productos personalizados: La IA permite la creación de productos financieros innovadores, diseñados para satisfacer necesidades específicas del cliente, desde seguros hasta opciones de inversión.

- Blockchain y criptomonedas: En el mundo del blockchain y las criptomonedas, la IA está facilitando la seguridad de las transacciones y el análisis del mercado, brindando mayor confianza y estabilidad a estos nuevos instrumentos financieros.

Desafíos y oportunidades
- Confianza y transparencia: Construir confianza en sistemas automatizados y algoritmos de IA es fundamental para su adopción en el sector financiero, lo que requiere transparencia en cómo la IA toma decisiones.

- Capacitación y adaptación: Los profesionales financieros deben adaptarse a estos cambios, capacitándose en nuevas tecnologías para trabajar junto a la IA y maximizar su potencial.

Xavier Mármol

La IA está redefiniendo las finanzas y el comercio, ofreciendo una precisión, velocidad y personalización que antes eran inimaginables. A medida que avanzamos, la IA no solo será una herramienta para hacer negocios, sino un socio indispensable que nos ayudará a navegar por el complejo mundo financiero con mayor inteligencia y perspicacia.

IA en la educación
Un aula global mejorada por la Inteligencia Artificial
La educación está en el amanecer de una revolución digital, y la Inteligencia Artificial (IA) es el sol naciente en este horizonte. Abordemos cómo la IA no solo está personalizando el aprendizaje sino también abriendo oportunidades para estudiantes de todas las edades y contextos.

Tutorías personalizadas y aprendizaje adaptativo
- Mentores digitales para todos: La IA está desempeñando el rol de tutor personalizado, adaptando el contenido y el ritmo de aprendizaje a las necesidades de cada estudiante. Estos sistemas inteligentes identifican fortalezas y áreas para mejorar, ofreciendo una educación a medida que maximiza el potencial individual.

- Apoyo constante: Con asistentes virtuales de IA, los estudiantes tienen acceso a ayuda en cualquier momento del día, eliminando barreras de tiempo y lugar que tradicionalmente limitaban el apoyo educativo.

Gestión del aula y evaluación
- Maestros asistidos por IA: Los educadores están encontrando en la IA una aliada para gestionar el

aula y evaluar el progreso de los estudiantes. La
IA puede analizar las respuestas de los alumnos,
proporcionando retroalimentación instantánea y
permitiendo a los maestros personalizar su enseñanza.

- Herramientas de evaluación objetiva: La IA
 ofrece herramientas para evaluar de manera objetiva y continua, ayudando a identificar no solo
 qué han aprendido los estudiantes, sino cómo
 aprenden mejor.

Innovación en materiales educativos

- Contenidos dinámicos y atractivos: La IA está
 permitiendo el desarrollo de materiales educativos
 más dinámicos e interactivos, que pueden adaptarse para servir mejor a diferentes estilos de
 aprendizaje y mantener a los estudiantes comprometidos y motivados.

- Libros de texto inteligentes: Imagina libros de
 texto que no solo proporcionen información, sino
 que también interactúen con los estudiantes, adaptando explicaciones y ofreciendo recursos adicionales basados en las interacciones del alumno.

Preparando a los estudiantes para el futuro
- Habilidades para el siglo XXI: La IA en la educación está preparando a los estudiantes para un futuro donde la tecnología y la inteligencia digital serán omnipresentes, equipándolos con las habilidades necesarias para prosperar en un mundo en constante cambio.

- Igualdad en el acceso a la educación: La IA tiene el potencial de democratizar el acceso a la educación de alta calidad, llegando a estudiantes en regiones remotas y proporcionando recursos educativos a quienes de otro modo no podrían acceder a ellos.

Desafíos y reflexiones
- Ética y privacidad: Con la integración de la IA en la educación, surgen preocupaciones sobre la ética y la privacidad de los datos de los estudiantes. Es esencial establecer prácticas responsables para proteger la información personal.

- Colaboración entre tecnología y pedagogía: La clave del éxito de la IA en la educación reside en una colaboración cuidadosa entre tecnólogos y educadores, asegurando que la tecnología apoye y enriquezca los principios pedagógicos, en lugar de suplantarlos.

La IA está estableciendo un nuevo estándar en la educación, ofreciendo un aprendizaje más personalizado, accesible y atractivo. A medida que navegamos por esta nueva era, es nuestra responsabilidad colectiva garantizar que la tecnología se utilice para amplificar las oportunidades de aprendizaje y fomentar un entorno educativo que sea inclusivo, justo y preparado para el futuro.

IA en el arte y el diseño creativo
Despertando la creatividad con tecnología
En el cruce entre la expresión artística y la innovación tecnológica, la Inteligencia Artificial (IA) está emergiendo como una musa digital para artistas y diseñadores. Vamos a sumergirnos en cómo la IA está expandiendo los horizontes creativos y abriendo nuevas avenidas para la exploración artística y el diseño.

Creación asistida por IA
- Colaboración artística con la IA: Artistas están encontrando en la IA una fuente de inspiración y colaboración inesperada. Herramientas de IA pueden generar patrones visuales, texturas, e incluso esbozos de obras de arte que los artistas pueden desarrollar y refinar.

- Expansión del proceso creativo: La IA está ayudando a los creativos a romper barreras conceptuales, ofreciendo posibilidades infinitas en color, forma y composición, y permitiendo que los artistas exploren territorios inexplorados.

Diseño innovador y personalizado
- Diseño personalizado a escala: La IA está permitiendo a los diseñadores ofrecer productos altamente personalizados a una escala masiva. Desde

moda hasta mobiliario, la IA puede ayudar a ajustar diseños a preferencias individuales, manteniendo una alta eficiencia de producción.

- Interfaces intuitivas y experiencias de usuario: En el diseño de interfaces de usuario, la IA está contribuyendo a crear experiencias más intuitivas y adaptativas, mejorando la interacción entre tecnología y usuarios.

Impacto en la industria creativa

- Transformación en la producción de medios: Desde la música hasta el cine y el diseño gráfico, la IA está transformando el proceso de producción, haciendo que la creación de contenido sea más accesible y menos dependiente de grandes presupuestos.

- Nuevos mercados para el arte y el diseño: La IA está abriendo nuevos mercados y audiencias para el arte y el diseño, permitiendo a los creativos llegar a un público global a través de plataformas digitales.

Desafíos y consideraciones éticas

- Autoría y originalidad: Con la IA generando componentes de obras de arte, surgen preguntas sobre la autoría y originalidad. ¿Cómo se atribuyen el

mérito y los derechos de autor cuando una
máquina es parte del proceso creativo?

- Impacto en los roles creativos tradicionales: La
adopción de la IA en el arte y el diseño está cambiando
roles tradicionales. La industria debe
adaptarse para integrar nuevas habilidades y abordar
el desplazamiento potencial de trabajos creativos.

Mirando hacia el futuro
- Educación y desarrollo de habilidades: Las instituciones
educativas están comenzando a integrar
la IA en sus currículos, preparando a la próxima
generación de artistas y diseñadores para trabajar
de la mano con la tecnología.

- Colaboración entre humanos y máquinas: El futuro
del arte y el diseño se perfila como una colaboración
entre la creatividad humana y la eficiencia
de la IA, con cada uno amplificando las
capacidades del otro.

Xavier Mármol

La IA está enriqueciendo el arte y el diseño con nuevas
herramientas y perspectivas, creando un lienzo donde la
imaginación humana puede pintar con pinceles
tecnológicos avanzados. Mientras navegamos por esta
nueva era de creatividad aumentada, es imperativo que
mantengamos el diálogo sobre cómo estas herramientas
pueden servir mejor al espíritu creativo y a la expresión
artística genuina.

IA en la agricultura y gestión ambiental
Cultivando un futuro sostenible con inteligencia artificial

La Inteligencia Artificial (IA) está echando raíces en el campo de la agricultura y la gestión ambiental, prometiendo una era de sostenibilidad y eficiencia mejorada. Veamos cómo esta tecnología está sembrando innovación en el suelo fértil de estos sectores vitales.

Agricultura de precisión

- Cosechas inteligentes: La IA está optimizando la agricultura al permitir a los agricultores monitorizar y gestionar sus cultivos con precisión asombrosa. Sensores y drones impulsados por IA proporcionan datos en tiempo real sobre la salud de las plantas, la humedad del suelo y las necesidades nutricionales.

- Maximización de recursos: Con la ayuda de algoritmos predictivos, la IA está ayudando a reducir el desperdicio de agua y a aplicar fertilizantes y pesticidas de manera más eficiente y solo donde es necesario, minimizando el impacto ambiental.

Monitoreo ambiental

- Guardianes del ecosistema: Sistemas de IA están monitoreando ecosistemas enteros, desde bosques hasta océanos, proporcionando datos cruciales para la conservación y la gestión sostenible de los recursos naturales.

- Respuesta a desastres: La IA está mejorando la capacidad de respuesta ante desastres naturales, analizando patrones para prever eventos como incendios forestales o inundaciones y coordinando esfuerzos de rescate y rehabilitación.

Innovación en gestión de recursos

- Eficiencia energética: En granjas y operaciones de gestión ambiental, la IA está optimizando el uso de energía, asegurando que las operaciones sean tan verdes como los campos que cultivan.
- Biología de conservación: Herramientas de IA están ayudando a biólogos y conservacionistas a rastrear especies en peligro de extinción y a entender mejor sus patrones de movimiento y comportamiento.

Desafíos y oportunidades

- Adopción tecnológica en el campo: La introducción de la IA en la agricultura requiere superar barreras de adopción tecnológica, especialmente en regiones rurales con limitado acceso a la infraestructura digital.

- Educación y capacitación: Para aprovechar plenamente las ventajas de la IA, los agricultores y gestores ambientales necesitan capacitación en nuevas herramientas y técnicas.

La IA en la agricultura y la gestión ambiental está abriendo caminos hacia un futuro donde la comida es cultivada con sabiduría y los recursos son gestionados con cuidado. Esta es una invitación a abrazar la tecnología inteligente no solo para aumentar la productividad, sino también para proteger y preservar nuestro planeta para las generaciones futuras. A medida que la IA se enraíza más profundamente en estos campos, tenemos la responsabilidad de cultivar un equilibrio entre progreso tecnológico y armonía ecológica.

Xavier Mármol

IA en la logística y la cadena de suministro

Redefiniendo la eficiencia con inteligencia artificial

En el complejo mundo de la logística y la cadena de suministro, la Inteligencia Artificial (IA) está emergiendo como un catalizador clave para la transformación y optimización. Este capítulo explora cómo la IA está desbloqueando nuevos niveles de eficiencia y agilidad en estas áreas críticas.

Optimización de la cadena de suministro

- Previsión y planificación mejoradas: La IA está revolucionando la forma en que las empresas predicen la demanda y planifican su inventario. Algoritmos avanzados analizan patrones de consumo, tendencias del mercado y factores externos para anticipar necesidades futuras, reduciendo el exceso de inventario y evitando escaseces.

- Automatización de la gestión de inventario: Sistemas de IA en almacenes están mejorando la precisión y velocidad de las operaciones de inventario, desde el almacenamiento hasta la recuperación de productos, utilizando robots y drones inteligentes.

Gestión de almacenes inteligente

- Eficiencia en almacenes: La IA está optimizando la gestión de almacenes, con sistemas que organizan la disposición de productos basándose en patrones de demanda y facilitan la recogida y el embalaje de pedidos.

- Mantenimiento predictivo: La IA también juega un papel crucial en el mantenimiento predictivo de equipos en almacenes y centros de distribución, identificando problemas potenciales antes de que ocurran y programando mantenimiento de forma proactiva.

Logística y transporte

- Optimización de rutas de entrega: Los sistemas de IA están trazando rutas de entrega más eficientes, teniendo en cuenta variables como el tráfico, las condiciones meteorológicas y los plazos de entrega, lo que resulta en entregas más rápidas y económicas.

- Vehículos autónomos y drones de entrega: La IA está en el corazón de la revolución de los vehículos autónomos y los drones de entrega, prometiendo transformar radicalmente la logística de "última milla".

Desafíos y oportunidades

- Integración de sistemas: Un desafío clave en la adopción de la IA en la logística es la integración fluida de estos sistemas avanzados con las operaciones existentes y las plataformas de TI.

- Capacitación y adaptación de la fuerza laboral: A medida que la IA asume roles más prominentes, es crucial capacitar y adaptar a la fuerza laboral para trabajar junto a estas tecnologías emergentes.

La IA está transformando la logística y la cadena de suministro de maneras que prometen no solo mayor eficiencia y reducción de costos, sino también una mayor sostenibilidad. A medida que adoptamos estas tecnologías avanzadas, enfrentamos el desafío de equilibrar la innovación con consideraciones humanas, asegurando que el avance tecnológico vaya de la mano con el bienestar de los trabajadores y el respeto por el medio ambiente. La IA en la logística no es solo una cuestión de mover productos más rápido; es sobre la creación de sistemas más inteligentes, más responsivos y más sostenibles para el mundo de mañana.

Navegando los desafíos éticos y sociales de la IA

En este capítulo, nos sumergimos en las complejidades éticas y sociales que emergen con el avance de la Inteligencia Artificial (IA). Exploraremos cómo la IA no solo es una cuestión de innovación tecnológica, sino también un tema profundamente arraigado en la ética, la responsabilidad social y la gobernanza.

IA y ética

Forjando un futuro tecnológico consciente y justo

En la intersección de la Inteligencia Artificial (IA) y la ética, surgen preguntas fundamentales sobre cómo esta tecnología impacta y moldea nuestra sociedad. Esta sección se adentra en la importancia de guiar el desarrollo de la IA con principios éticos firmes y justos, asegurando que sirva al bienestar de todos.

Tomando decisiones responsables

- Principios éticos en la programación de IA: La creación de IA no es solo un ejercicio técnico, sino también un acto ético. Las decisiones sobre cómo se programa y utiliza la IA deben basarse en principios éticos sólidos, considerando factores como la privacidad, la seguridad y el respeto a los derechos humanos.

- Transparencia y comprensión: Es fundamental

que los sistemas de IA sean transparentes y comprensibles.

- Los usuarios deben poder entender cómo funcionan estos sistemas y en qué se basan sus decisiones, fomentando la confianza y la aceptación.

Evitando el sesgo y la discriminación

- Reconociendo y contrarrestando sesgos: Uno de los mayores desafíos éticos en la IA es el sesgo. La IA puede perpetuar o incluso exacerbar los prejuicios humanos si no se gestiona cuidadosamente. Es crucial trabajar activamente para identificar y eliminar sesgos en los datos y algoritmos.

- Diseño inclusivo y equitativo: La IA debe diseñarse con una perspectiva inclusiva, asegurando que sus beneficios y aplicaciones sean justos y accesibles para todas las personas, independientemente de su género, raza, edad o antecedentes socioeconómicos.

Conciencia ética en la innovación

- Ética en el corazón del desarrollo de IA: La ética debe ser una consideración central en todas las etapas del desarrollo de la IA. Esto significa involucrar a expertos en ética, filosofía y ciencias sociales en los equipos de desarrollo y toma de decisiones.

- Diálogo y colaboración: Abordar los desafíos éticos de la IA requiere un diálogo continuo entre desarrolladores, usuarios, legisladores y la sociedad en general. La colaboración y el intercambio de ideas son esenciales para crear sistemas de IA que sean beneficiosos y justos para todos.

La ética en la IA no es un añadido opcional, sino una necesidad fundamental. A medida que avanzamos hacia un futuro cada vez más digitalizado, es imprescindible que lo hagamos con una visión ética clara, asegurando que la IA se desarrolle de manera responsable, justa y respetuosa, beneficiando a toda la humanidad y respetando los valores que nos definen como sociedad.

IA y sociedad

Explorando el impacto social de la inteligencia artificial

La Inteligencia Artificial (IA) no es solo una herramienta tecnológica avanzada; también es un agente de cambio social significativo. Esta sección aborda cómo la IA está influyendo en diversos aspectos de la sociedad, desde el mercado laboral hasta la interacción social y la gobernanza.

Impacto en el empleo y la economía

- Transformación del mercado laboral: La IA está remodelando el panorama laboral, automatizando ciertas tareas y creando nuevas oportunidades de empleo en áreas emergentes. Discutimos cómo podemos navegar por estos cambios, maximizando los beneficios y minimizando las disrupciones.

- Equidad en el acceso al empleo: La IA tiene el potencial tanto de nivelar como de amplificar las desigualdades existentes. Exploramos estrategias

para asegurar que los avances en IA contribuyan un acceso más equitativo al empleo y a la riqueza.

Participación pública y conciencia

- Educación y sensibilización: Para que la IA sea un cambio positivo, es crucial una comprensión pública sólida de sus capacidades y limitaciones. Abordamos la necesidad de programas educativos y campañas de sensibilización que informen al público sobre la IA.

- Inclusión en el debate sobre IA: La discusión so

- bre cómo se desarrolla y se utiliza la IA no debe limitarse a expertos y desarrolladores. Fomentamos la participación pública y una gama más amplia de voces en el debate sobre el futuro de la IA.

IA y cambio social

- Fomentando la inclusión social: La IA tiene el potencial de ser una herramienta poderosa para abordar problemas sociales, desde mejorar la accesibilidad para personas con discapacidad hasta apoyar iniciativas de inclusión social.

- Desafíos de privacidad y seguridad: Mientras la IA se integra más en nuestra vida cotidiana, surgen preocupaciones sobre la privacidad y la seguridad. Profundizamos en cómo estas preocupaciones pueden ser abordadas de manera efectiva.

IA y gobernanza

- IA en políticas públicas: Analizamos cómo la IA puede ser utilizada en la formulación de políticas públicas, mejorando la toma de decisiones gubernamentales y la prestación de servicios públicos.

- Ética y legislación: Destacamos la importancia de establecer marcos éticos y legales sólidos para regular el desarrollo y uso de la IA, equilibrando la innovación con la protección de los derechos ciudadanos.

La IA es una fuerza poderosa que está redefiniendo aspectos fundamentales de nuestra sociedad. Al enfrentar estos desafíos y oportunidades, es esencial un enfoque equilibrado que considere tanto el potencial tecnológico como las implicaciones éticas y sociales, garantizando que la IA sea una herramienta para el progreso y bienestar social.

Xavier Mármol

IA y gobernanza

Modelando políticas para una era tecnológica

La rápida evolución de la Inteligencia Artificial (IA) presenta desafíos únicos y oportunidades para la gobernanza a nivel global. Esta sección se sumerge en cómo podemos desarrollar marcos regulatorios efectivos y éticos para guiar el avance de la IA, asegurando que su crecimiento se alinee con los intereses de la sociedad.

Creación de marcos regulatorios

- Desarrollo de políticas basadas en evidencia: Discutimos la importancia de crear políticas y regulaciones informadas por datos y evidencia científica, que puedan adaptarse a la naturaleza dinámica de la IA y sus aplicaciones en constante cambio.

- Balance entre innovación y regulación: Enfrentamos el desafío de equilibrar la promoción de la innovación tecnológica con la necesidad de establecer controles y estándares que protejan a los ciudadanos y preserven los valores éticos.

Colaboración internacional en IA

- Cooperación global para estándares comunes: La IA trasciende fronteras, lo que hace esencial la cooperación internacional para desarrollar estándares y normativas comunes. Examinamos cómo los gobiernos, las organizaciones internacionales y las partes interesadas pueden colaborar en este ámbito.

- Gobernanza de datos y privacidad: La IA plantea importantes cuestiones sobre la privacidad y el uso de datos. Abordamos cómo una gobernanza internacional efectiva puede garantizar la seguridad de los datos y respetar la privacidad de los individuos a nivel mundial.

IA en la toma de decisiones públicas

- Aplicación de IA en la administración pública: Exploramos cómo la IA puede mejorar la eficiencia y transparencia en la administración pública, desde la simplificación de trámites burocráticos hasta la mejora en la prestación de servicios públicos.

- Ética en la IA gubernamental: La implementación de la IA en el sector público debe ser guiada por principios éticos sólidos, asegurando que sirva al bien común y evitando el abuso o mal uso de la tecnología.

Desafíos en la implementación de políticas

- Gestión de cambios y expectativas: La introducción de la IA en la gobernanza y políticas públicas requiere una gestión cuidadosa del cambio y la configuración de expectativas realistas entre los ciudadanos y los responsables de la toma de decisiones.

- Educación y concienciación de políticos y funcionarios: Es crucial educar a los responsables de la formulación de políticas y a los funcionarios públicos sobre las capacidades y limitaciones de la IA, para que puedan tomar decisiones informadas y responsables.

La gobernanza de la IA es un terreno complejo que requiere un enfoque equilibrado, que considere tanto las posibilidades tecnológicas como las necesidades y derechos de los ciudadanos. A medida que avanzamos en esta nueva era, es vital que las políticas y regulaciones se desarrollen de manera que promuevan un futuro en el que la IA se utilice de manera ética, transparente y beneficiosa para toda la sociedad.

IA y responsabilidad

Fomentando un desarrollo tecnológico consciente

En el corazón del desarrollo y la implementación de la Inteligencia Artificial (IA) yace una profunda responsabilidad. Esta sección aborda cómo los creadores, usuarios y reguladores de la IA pueden asegurar que esta poderosa tecnología se desarrolle y utilice de manera que beneficie a la sociedad en su conjunto, manteniendo un alto grado de responsabilidad y ética.

Responsabilidad de los creadores de IA

- Diseño y desarrollo ético: Los desarrolladores de IA tienen la responsabilidad crucial de incorporar consideraciones éticas en el diseño y desarrollo de algoritmos. Esto incluye ser conscientes de los posibles sesgos, garantizar la transparencia y la explicabilidad de los sistemas de IA, y prevenir posibles daños o abusos.

- Pruebas rigurosas y revisión continua: Antes de lanzar sistemas de IA, es esencial realizar pruebas rigurosas para identificar y corregir fallos. Además, la revisión y actualización continua de estos sistemas son fundamentales para mantener su relevancia y seguridad.

Transparencia y rendición de cuentas
- Claridad en la toma de decisiones de IA: Es vital que los procesos de toma de decisiones de la IA sean transparentes para los usuarios y auditables por partes externas. Esto ayuda a construir confianza en los sistemas de IA y facilita la identificación y corrección de problemas.

- Mecanismos de rendición de cuentas: Deben establecerse mecanismos claros de rendición de cuentas para asegurar que los desarrolladores y usuarios de la IA asuman la responsabilidad en caso de errores o mal uso de la tecnología.

Colaboración para estándares y regulaciones
- Establecimiento de normas globales: Dada la naturaleza global de la IA, es esencial una colaboración internacional para establecer estándares y regulaciones comunes que rijan su desarrollo y uso.

- Participación de diversos actores: La creación de políticas y regulaciones de IA debe involucrar a una amplia gama de actores, incluyendo académicos, legisladores, la industria y la sociedad civil, para garantizar que las perspectivas y necesidades de diversos grupos sean consideradas.

Educación y conciencia social

- Fomento de la alfabetización en IA: La educación sobre IA debe ser accesible para todos, permitiendo que la sociedad comprenda tanto sus beneficios como sus riesgos y limitaciones.

- Énfasis en la ética y la responsabilidad social: La formación en IA, tanto para desarrolladores como para usuarios, debe incluir un fuerte enfoque en la ética y la responsabilidad social, promoviendo un desarrollo tecnológico que respete los valores humanos y promueva el bien común.

La responsabilidad en la era de la IA va más allá de la mera creación de tecnología avanzada; se trata de un compromiso con el desarrollo ético, la transparencia, la rendición de cuentas y el beneficio social. A medida que la IA sigue transformando nuestro mundo, es nuestra responsabilidad colectiva garantizar que su evolución sea guiada por principios de responsabilidad y compromiso con el bienestar de toda la Sociedad

Xavier Mármol

Manteniéndose a la vanguardia con la IA

En un mundo en constante evolución, mantenerse a la vanguardia es crucial para empresas, profesionales y estudiantes. Este capítulo explora cómo la Inteligencia Artificial (IA) se ha convertido en una herramienta indispensable para estar al frente de las tendencias y cambios en diversos campos. Desde negocios hasta educación y desarrollo personal, la IA está abriendo puertas a nuevas oportunidades y formas de crecimiento.

IA en el mundo de los negocios

Impulsando la innovación y eficiencia empresarial

Bienvenidos al emocionante mundo donde los negocios se encuentran con la Inteligencia Artificial (IA). En esta sección, vamos a descubrir cómo la IA no solo está transformando la manera en que las empresas operan, sino también cómo están innovando y conectando con sus clientes.

Innovación continua

- Un motor de nuevas ideas: La IA está sirviendo como una fuente inagotable de innovación en el mundo empresarial. Mediante el análisis de tendencias del mercado y feedback de clientes, la IA ayuda a las empresas a anticiparse a las necesidades del mercado y a desarrollar productos y servicios innovadores.

- Adaptación rápida al cambio: En una era de cambios rápidos, la IA permite a las empresas adaptarse con agilidad. Ya sea identificando nuevos nichos de mercado o ajustando estrategias en tiempo real, la IA está al frente, asegurando que las empresas no solo sobrevivan, sino que prosperen.

Toma de decisiones basada en datos
- Decisiones más inteligentes, mejores resultados: La IA está revolucionando la toma de decisiones en las empresas. Al procesar y analizar enormes cantidades de datos, la IA proporciona insights que son cruciales para decisiones estratégicas, desde inversiones hasta expansiones de mercado.

- Análisis Predictivo: La IA no solo mira el presente, sino también el futuro. Con el análisis predictivo, las empresas pueden prever tendencias futuras, adaptando sus estrategias para mantenerse siempre un paso adelante.

Personalización y experiencia del cliente
- Conociendo al cliente como nunca antes: La IA está permitiendo a las empresas entender y atender a sus clientes de manera más personalizada. A través del análisis de datos de comportamiento y

- preferencias, las empresas pueden ofrecer experiencias y productos a medida.
- Marketing inteligente: En el marketing, la IA está permitiendo campañas más efectivas y personalizadas. Al analizar patrones de consumo y preferencias, la IA ayuda a las empresas a alcanzar su audiencia de manera más eficiente.

Automatización y eficiencia operativa
- Procesos más ágiles y rentables: La IA está agilizando las operaciones empresariales, desde la gestión de la cadena de suministro hasta la atención al cliente. La automatización impulsada por IA no solo ahorra tiempo y recursos, sino que también aumenta la eficiencia y reduce errores.
- IA en el lugar de trabajo: La IA también está transformando el lugar de trabajo, asistiendo a los empleados en tareas rutinarias y permitiéndoles concentrarse en actividades más estratégicas y creativas.

La IA en el mundo de los negocios no es una mera herramienta tecnológica, es un compañero estratégico que está redefiniendo la forma en que operamos, innovamos y nos conectamos con los clientes. A medida que nos adentramos más en la era digital, la IA se convierte en un componente esencial para cualquier empresa que busque mantenerse relevante, competitiva y a la vanguardia de su industria.

IA y desarrollo profesional

Abriendo caminos hacia el crecimiento y la excelencia

En un mundo laboral en constante evolución, la Inteligencia Artificial (IA) se ha convertido en una herramienta clave para el desarrollo profesional. Esta sección explora cómo la IA está facilitando el aprendizaje continuo, la adaptación a nuevas habilidades y la creación de oportunidades de carrera inéditas.

Capacitación y aprendizaje continuo

- Personalización del aprendizaje: La IA está transformando la formación profesional, ofreciendo plataformas de aprendizaje que se adaptan a las necesidades, estilos y ritmos individuales. Estos sistemas inteligentes pueden identificar áreas de fortaleza y oportunidades de mejora, proporcionando un camino de aprendizaje personalizado.

- Acceso a conocimientos globales: Con la ayuda de la IA, los profesionales tienen acceso a un vasto océano de conocimientos y recursos de

aprendizaje, superando las barreras geográficas y
temporales para el desarrollo de habilidades.

Carrera y networking

- Orientación de carrera asistida por IA: Herramientas de IA están ayudando a los profesionales a navegar por sus trayectorias laborales, sugiriendo roles potenciales, identificando habilidades en demanda y conectando con oportunidades de crecimiento.

- Redes profesionales inteligentes: La IA también está potenciando las redes profesionales, facilitando conexiones significativas y relevantes, y abriendo puertas a colaboraciones y oportunidades de negocio.

IA en el lugar de trabajo

- Mejora de la productividad y creatividad: En el lugar de trabajo, la IA no solo aumenta la productividad al automatizar tareas rutinarias, sino que también fomenta la creatividad al liberar tiempo para que los empleados se concentren en tareas más estratégicas y creativas.

- Toma de decisiones basada en datos: La IA proporciona a los profesionales herramientas para tomar decisiones basadas en análisis profundos y datos precisos, mejorando la calidad y eficacia de sus elecciones profesionales.

Preparación para el futuro del trabajo

- Adaptación a mercados cambiantes: La IA está preparando a los profesionales para adaptarse a mercados laborales en constante cambio, proporcionando información sobre tendencias emergentes y tecnologías disruptivas.

- Cultura de aprendizaje continuo: Fomenta una cultura de aprendizaje y adaptación continua, vital para mantenerse relevante en un mundo laboral impulsado por la tecnología.

Desafíos y oportunidades

- Equilibrio entre tecnología y humanidad: Mientras la IA abre nuevas posibilidades, también plantea la necesidad de mantener un equilibrio entre las habilidades técnicas y las competencias humanas como la creatividad, el juicio crítico y la empatía.

- Inclusión y acceso: Es esencial asegurar un acceso equitativo a las herramientas de IA para el desarrollo profesional, evitando la creación de brechas tecnológicas.

La IA en el desarrollo profesional no es solo un catalizador para el crecimiento de habilidades y la expansión de carreras, sino también un medio para fomentar una fuerza laboral adaptable, innovadora y preparada para los desafíos del futuro. A medida que integramos la IA en nuestras trayectorias profesionales, abrimos un mundo de oportunidades infinitas para el crecimiento y el éxito en la era digital.

IA en la educación avanzada

Transformando el Aprendizaje Superior con Tecnología Inteligente

La Inteligencia Artificial (IA) está marcando un hito en la educación avanzada, llevando la personalización y eficiencia al siguiente nivel. Esta sección explora cómo la IA está enriqueciendo la experiencia educativa en universidades y centros de posgrado, abriendo nuevas dimensiones en el aprendizaje y la investigación.

Personalización del Aprendizaje

- Aulas inteligentes: La IA está creando aulas más interactivas y personalizadas en la educación superior. Sistemas de aprendizaje adaptativo evalúan las necesidades individuales de los estudiantes, adaptando el material y el ritmo a sus estilos de aprendizaje únicos.

- Planes de estudio dinámicos: Los planes de estudio son enriquecidos con recomendaciones de IA, que sugieren cursos y recursos basados en intereses, carreras y habilidades del estudiante, promoviendo un enfoque educativo más holístico y enfocado.

Investigación y desarrollo
- Potenciando la investigación: En la investigación, la IA está sirviendo como una herramienta poderosa, desde la recopilación y análisis de grandes conjuntos de datos hasta la simulación de experimentos complejos, acelerando descubrimientos y colaboraciones interdisciplinarias.

- Innovación en métodos de investigación: La IA está abriendo nuevos métodos de investigación, permitiendo a los académicos explorar áreas que antes eran inaccesibles debido a limitaciones de tiempo o recursos.

Apoyo y orientación académica
- Orientación académica personalizada: Sistemas de IA están proporcionando orientación académica personalizada, ayudando a los estudiantes a navegar por su educación y planificar su futuro profesional con mayor claridad y confi-

anza.

- Evaluación y retroalimentación mejoradas: Las herramientas de IA ofrecen evaluaciones más objetivas y detalladas del trabajo del estudiante, proporcionando retroalimentación instantánea y constructiva que mejora el proceso de aprendizaje.

Preparación para el futuro profesional
- Habilidades para el siglo XXI: La IA está equipando a los estudiantes con habilidades cruciales para el siglo XXI, incluyendo el manejo de tecnologías avanzadas, pensamiento crítico y resolución de problemas complejos.

- Colaboración y redes profesionales: Herramientas de IA facilitan la colaboración entre estudiantes y profesionales, fomentando redes que trascienden las aulas y conducen a oportunidades profesionales y de investigación.

Desafíos y oportunidades
- Inclusión y acceso: Es crucial garantizar que las herramientas de IA sean accesibles y beneficiosas para todos los estudiantes, independientemente de su origen o recursos.

- Ética y privacidad: La implementación de IA en la

educación avanzada debe abordar cuestiones de ética y privacidad, asegurando la protección de los datos de los estudiantes y el respeto por su autonomía.

La IA en la educación avanzada no es simplemente una adición tecnológica, sino una transformación fundamental en la forma en que enseñamos, aprendemos e investigamos. A medida que abrazamos estas herramientas, nos dirigimos hacia un futuro donde la educación es más personalizada, accesible y alineada con las necesidades y desafíos de nuestro tiempo.

IA y desarrollo personal

Enriqueciendo la vida cotidiana con tecnología inteligente

La Inteligencia Artificial (IA) no solo está transformando industrias y profesiones, sino también enriqueciendo el desarrollo personal y el bienestar. En esta sección, exploramos cómo la IA está ayudando a las personas a alcanzar sus metas, mejorar su calidad de vida y fomentar un crecimiento personal significativo.

Crecimiento personal y bienestar
- Asistentes personales de IA: La IA está actuando como un asistente personal en la vida diaria, ayu-

dando con la gestión del tiempo, la organización
de tareas y la priorización de objetivos personales.
Estos asistentes inteligentes pueden sugerir actividades basadas en preferencias personales y
hábitos, facilitando un estilo de vida más equilibrado y productivo.

- Bienestar y salud mental: Aplicaciones de IA están revolucionando el cuidado de la salud mental
y el bienestar emocional. Mediante el análisis de
patrones de comportamiento y el ofrecimiento de
consejos personalizados, estos sistemas pueden
ayudar a manejar el estrés, fomentar hábitos
saludables y mejorar el bienestar general.

Balance vida-trabajo

- Optimización del tiempo y recursos: La IA ayuda
a las personas a equilibrar sus responsabilidades
laborales y personales. Al automatizar tareas
repetitivas y ofrecer soluciones eficientes para la
gestión diaria, permite a los usuarios dedicar más
tiempo a actividades personales y de ocio.

- Trabajo remoto y flexibilidad: Con herramientas
de IA, el trabajo remoto se vuelve más efectivo y
manejable. Estas tecnologías permiten una comunicación y colaboración eficiente, facilitando un

mejor balance entre la vida profesional y personal.

Desarrollo de habilidades y aprendizaje

- Aprendizaje continuo y adaptativo: La IA está proporcionando oportunidades de aprendizaje continuo, adaptándose al nivel y ritmo de cada individuo. Desde aprender un nuevo idioma hasta desarrollar habilidades técnicas, la IA ofrece recursos personalizados para el desarrollo de habilidades.

- Feedback y evaluación personalizada: Sistemas de IA ofrecen evaluaciones y retroalimentación personalizadas en diversas actividades de aprendizaje, permitiendo a los usuarios entender mejor sus progresos y áreas de mejora.

Superación personal y desafíos

- Superación de barreras: La IA está ayudando a las personas a superar barreras personales, ofreciendo soluciones y alternativas para desafíos como la gestión del tiempo, la procrastinación y la falta de motivación.

- Establecimiento de metas y seguimiento: Herramientas inteligentes asisten en el establecimiento de metas realistas y en el seguimiento del progreso hacia su consecución, fomentando una sensación de logro y satisfacción.

La IA en el desarrollo personal está abriendo un nuevo mundo de posibilidades, donde la tecnología sirve como un catalizador para el crecimiento, la eficiencia y el bienestar. Al integrar estas herramientas en nuestras vidas, no solo mejoramos nuestra productividad y habilidades, sino que también enriquecemos nuestra experiencia humana, abrazando un futuro donde la tecnología y el bienestar personal van de la mano.

IA en el futuro del trabajo

Navegando en la era del cambio tecnológico

En un mundo laboral en constante transformación, la Inteligencia Artificial (IA) es un protagonista clave en la definición del futuro del trabajo. Esta sección profundiza en cómo la IA está redefiniendo roles, creando nuevas oportunidades y preparando a la fuerza laboral para los desafíos y oportunidades del mañana.

Preparación para el futuro

- Identificación de tendencias emergentes: La IA está ayudando a predecir y adaptarse a las tendencias emergentes en el mundo del trabajo. Mediante el análisis de grandes volúmenes de datos laborales y de mercado, proporciona insights sobre las habilidades futuras en demanda y los sectores en crecimiento.

- Desarrollo de nuevas habilidades: Con la evolución constante del mercado laboral, la IA está asistiendo en el desarrollo de nuevas habilidades, especialmente aquellas relacionadas con la tecnología y la adaptabilidad, esenciales en la era digital.

Automatización y nuevos roles

- Transformación de roles tradicionales: La IA está cambiando la naturaleza de muchos trabajos, automatizando tareas rutinarias y permitiendo que los empleados se centren en actividades más estratégicas y creativas.

- Creación de nuevas profesiones: Con la adopción de la IA, están emergiendo nuevas profesiones y especializaciones, desde ingenieros de aprendizaje automático hasta especialistas en ética de IA.

Impacto en la cultura laboral

- Trabajo remoto y flexibilidad: La IA está facilitando modelos de trabajo más flexibles, incluyendo el trabajo remoto, al optimizar la comunicación y la colaboración a distancia.

- Diversidad e inclusión: Herramientas de IA pueden ayudar a promover entornos de trabajo más diversos e inclusivos, eliminando sesgos en procesos como la contratación y la evaluación del rendimiento.

Desafíos y consideraciones
- Equilibrio Humano-Tecnológico: Mientras la IA abre nuevas posibilidades, también plantea la necesidad de mantener un equilibrio entre la tecnología y las habilidades humanas intrínsecas, como la empatía, la creatividad y el juicio crítico.

Formación continua y adaptación: La actualización constante de habilidades y conocimientos se convierte en una necesidad, no solo para mantenerse relevante en el mercado laboral, sino también para aprovechar las oportunidades que la IA presenta.

La IA en el futuro del trabajo no es solo una cuestión de adaptarse a nuevas tecnologías, sino de reimaginar cómo trabajamos, colaboramos y crecemos profesionalmente en un mundo en constante cambio. A medida que abrazamos la era de la IA, enfrentamos el desafío de forjar un futuro laboral que sea innovador, inclusivo y adaptable, preparándonos no solo para sobrevivir, sino para prosperar en la nueva era digital.

Xavier Mármol

Conclusión: La IA como herramienta de empoderamiento profesional

Abrazando el futuro con inteligencia y conciencia

A lo largo de este libro, hemos explorado las profundidades y las alturas del mundo de la Inteligencia Artificial (IA), desde sus aplicaciones prácticas en diversas profesiones hasta los desafíos éticos y sociales que conlleva. Al concluir, es esencial reconocer que la IA no es solo una fuerza disruptiva, sino también una herramienta poderosa de empoderamiento profesional.

Integración de la IA en la vida profesional

- Potencial ilimitado: La IA ofrece un potencial ilimitado para mejorar la eficiencia, la creatividad y la toma de decisiones en casi todas las áreas profesionales. Al adoptar esta tecnología, los profesionales no solo optimizan sus procesos actuales sino que también abren la puerta a nuevas oportunidades y formas de trabajo.

- Aprendizaje y adaptación continuos: La IA nos impulsa hacia un paradigma de aprendizaje y adaptación continuos. Al mantenerse actualizados con los avances en IA, los profesionales pueden garantizar que permanecen relevantes y competitivos en un mercado laboral en constante evolución.

Empoderamiento a través de la IA

- Mejora de habilidades y capacidades: La IA puede actuar como un amplificador de habilidades, permitiendo a los profesionales hacer más con menos y abordar desafíos complejos con mayor eficacia.
- Inclusión y Accesibilidad: La IA tiene el potencial de hacer los entornos profesionales más inclusivos y accesibles, brindando herramientas y recursos que nivelan el campo de juego para personas de diversos orígenes y capacidades.

Responsabilidad y ética

- Uso consciente de la IA: A medida que integramos la IA en nuestras prácticas profesionales, debemos hacerlo con una comprensión clara de sus implicaciones éticas y responsabilidades. Esto significa utilizar la IA de manera que respete la privacidad, promueva la equidad y contribuya al bienestar general.
- Participación en el debate ético: Los profesionales no solo deben ser usuarios de IA, sino también participantes activos en el debate sobre cómo se desarrolla y se regula, asegurando que su evolu-

ción refleje los valores y necesidades de la sociedad.

Mirando Hacia el Futuro

En última instancia, la IA es una herramienta de empoderamiento profesional que nos permite no solo hacer nuestro trabajo de manera más eficiente, sino también repensar y reinventar nuestras prácticas laborales. A medida que avanzamos en esta era de innovación sin precedentes, debemos abrazar la IA no solo con entusiasmo por su potencial, sino también con un compromiso profundo con la ética, la responsabilidad y el mejoramiento continuo. La IA, utilizada sabiamente, es una clave para un futuro profesional más brillante, inclusivo y productivo.

Xavier Mármol

Glosario de Términos de Inteligencia Artificial

Aprendizaje Automático (Machine Learning)
Subcampo de la IA que se enfoca en el desarrollo de sistemas capaces de aprender y mejorar a partir de la experiencia sin ser explícitamente programados. Utiliza algoritmos para analizar datos, aprender de ellos y tomar decisiones o predicciones basadas en esta información.

Redes Neuronales (Neural Networks)
Modelos computacionales inspirados en el funcionamiento del cerebro humano, diseñados para reconocer patrones. Son fundamentales en el aprendizaje profundo (deep learning) y se utilizan en aplicaciones como el reconocimiento de voz e imagen.

Aprendizaje Profundo (Deep Learning)
Una rama avanzada del aprendizaje automático que utiliza redes neuronales profundas (con muchas capas) para aprender a partir de grandes cantidades de datos. Es clave en tecnologías como la visión por computadora y el procesamiento del lenguaje natural.

Procesamiento del Lenguaje Natural (PLN)
Área de la IA que se centra en la interacción entre computadoras y lenguaje humano, permitiendo a las máquinas entender, interpretar, y responder a textos y

voces humanas.

Visión por Computadora
Campo de la IA que enseña a las máquinas a interpretar y entender el mundo visual, procesando y analizando datos visuales desde el entorno. Se usa en aplicaciones como reconocimiento facial y vehículos autónomos.

Algoritmos de IA
Conjuntos de reglas y procedimientos que guían el funcionamiento de las aplicaciones de IA. Los algoritmos determinan cómo los datos se procesan y analizan para tomar decisiones o realizar tareas.

Inteligencia Artificial General (AGI)
Un nivel hipotético de IA donde las máquinas tienen la capacidad de entender, aprender y aplicar su inteligencia a cualquier problema, de manera similar a cómo lo haría un ser humano.

Inteligencia Artificial Fuerte y Débil
La IA fuerte se refiere a sistemas que poseen una conciencia y cognición genuinas, mientras que la IA débil (o estrecha) está diseñada para realizar tareas específicas sin la plena cognición o conciencia que caracteriza a la IA fuerte.

Automatización Robótica de Procesos (RPA)
Tecnología que permite configurar robots o 'bots' de software para automatizar tareas manuales y repetitivas, basándose en reglas y en la manipulación de datos digitales.

Sesgo de IA (Bias)
Tendencia o prejuicio no intencionado en sistemas de IA, que a menudo surge de sesgos en los datos de entrenamiento o en los métodos de programación. Puede llevar a resultados injustos o discriminatorios.

Ética de la IA
Principios y valores que guían el desarrollo y uso responsable de la IA, centrados en cuestiones como la justicia, la privacidad, la seguridad y el impacto social.

Chatbots
Programas informáticos diseñados para simular conversaciones con usuarios humanos, utilizando el procesamiento del lenguaje natural. Son comunes en servicios de atención al cliente y asistentes virtuales.

Análisis Predictivo
Uso de datos, algoritmos estadísticos y técnicas de aprendizaje automático para identificar la probabilidad de resultados futuros basados en datos históricos. Es

fundamental en diversas aplicaciones como la predicción de tendencias de mercado y comportamientos de consumidores.

Big Data
Conjuntos de datos extremadamente grandes y complejos que requieren sistemas avanzados para su procesamiento y análisis. La IA utiliza el big data para obtener insights y patrones significativos que serían imposibles de discernir manualmente.

Clasificación
Tarea de aprendizaje automático donde un programa aprende a asignar una categoría o clase a una instancia de datos basándose en sus características. Se utiliza en aplicaciones como filtrado de spam y diagnóstico médico.

Minería de Datos (Data Mining)
Proceso de explorar y analizar grandes cantidades de datos para descubrir patrones, correlaciones y tendencias significativas. La minería de datos es fundamental en la construcción de modelos de IA.

Reconocimiento de Entidades Nombradas (NER)
Subtarea del procesamiento del lenguaje natural que implica identificar y clasificar elementos clave en textos

(como nombres de personas, organizaciones, ubicaciones) en categorías predefinidas.

Optimización
Proceso de hacer un sistema o modelo de IA lo más efectivo o funcional posible, a menudo mediante la mejora de parámetros y algoritmos para maximizar la eficiencia y precisión.

Sistemas Expertos
Programas de computadora que simulan la capacidad de toma de decisiones de un experto humano en un campo específico, utilizando una base de conocimiento y reglas lógicas.

Aprendizaje supervisado y no supervisado
En el aprendizaje supervisado, los modelos de IA aprenden a partir de datos etiquetados, mientras que en el aprendizaje no supervisado, los modelos trabajan con datos sin etiquetar, identificando patrones y estructuras por sí mismos.

Aprendizaje por Refuerzo
Tipo de aprendizaje automático en el que un agente aprende a tomar decisiones mediante la realización de acciones en un entorno para lograr algún objetivo, recibiendo retroalimentación en forma de recompensas o penalizaciones.

Inteligencia Artificial Distribuida (DAI)

Rama de la IA que se ocupa del desarrollo de sistemas descentralizados y distribuidos que pueden resolver problemas complejos de manera colaborativa.

Computación Afectiva

Campo de estudio que diseña sistemas y dispositivos capaces de reconocer, interpretar y procesar las emociones humanas. Se utiliza en interfaces de usuario y en el desarrollo de asistentes personales emocionalmente inteligentes.

Agentes Autónomos

Sistemas o programas de IA que operan de manera independiente para realizar tareas o lograr objetivos específicos, a menudo en entornos dinámicos y cambiantes.

Realidad Aumentada y IA

Integración de la IA en aplicaciones de realidad aumentada para mejorar la interacción del usuario con el mundo real a través de información generada por computadora, mejorando experiencias en educación, comercio, etc.

Sobre el Autor: Xavier Mármol

Un retrato de diversidad y pasión

Xavier Mármol no es solo un nombre en el mundo académico y profesional, sino una fuente de inspiración multifacética. Su vida, un tapiz vibrante de logros y pasiones diversas, refleja una dedicación inquebrantable a la exploración, el conocimiento y el bienestar humano.

Innovador en tecnología y educación

Xavier es reconocido por su notable contribución en el campo de las matemáticas y los negocios internacionales, pero es su papel pionero en la promoción del software libre y Linux en Venezuela lo que destaca especialmente. Fundador del primer grupo de usuarios en el país, se convirtió en un líder visionario, llevando su pasión y conocimiento a universidades a través de conferencias y seminarios, impulsando la implementación y el entendimiento de estas tecnologías clave.

Un Espíritu de Aventura y Deporte

Además de su brillante carrera profesional, Xavier se sumerge en el mundo de los deportes extremos y las aventuras, demostrando una energía y un coraje excepcionales. Esta pasión por la adrenalina y el desafío físico complementa su vida intelectual, mostrando un equilibrio entre la mente y el cuerpo que pocos logran.

Compromiso con el bienestar familiar y social
Más allá de sus logros profesionales y deportivos, Xavier es profundamente dedicado a su familia y a causas

sociales. Su trabajo con inmigrantes habla de un compromiso genuino con el bienestar y apoyo de los demás, reflejando un carácter compasivo y un deseo de impactar positivamente en su comunidad y más allá.

Filosofía de vida: energía sexual y placer
Intrigantemente, Xavier abraza una filosofía que enfatiza la importancia del placer y la energía sexual como elementos clave para el éxito y la realización personal. Esta perspectiva hedonista, que valora las experiencias sensoriales y emocionales, añade una dimensión única a su personalidad y enfoque de vida.

Un nuevo horizonte con la inteligencia artificial
Hoy, Xavier Mármol se encuentra en el umbral de un nuevo capítulo, buscando replicar su impacto en el ámbito del software libre con la Inteligencia Artificial. Su objetivo es democratizar el conocimiento y uso de la IA, haciéndola accesible y comprensible para todos, similar a cómo promovió el software libre.

Inspiración y legado

La vida de Xavier es un testimonio de cómo la combinación de intelecto, pasión, aventura, compromiso social y exploración personal puede conducir a una existencia rica y multifacética. Él es un modelo a seguir para aquellos que buscan un equilibrio en sus vidas, integrando diversas pasiones y compromisos para crear un camino único y significativo. Su próxima jornada con la Inteligencia Artificial seguramente será otra faceta emocionante y enriquecedora de su notable viaje.

www.ingramcontent.com/pod-product-compliance
Lightning Source LLC
Chambersburg PA
CBRC091722070526
44585CB00007B/144